高职高专"十三五"规划教材

工程造价管理软件
——钢筋算量实训教程

主　编　王英丽　王　铁　宋丽伟
副主编　李美玲　鹿雁慧　李　卓

U0315596

北　京
冶金工业出版社
2016

内 容 简 介

本书共分 9 章。主要内容包括钢筋算量（抽样）软件基础知识，钢筋算量软件的基本操作，新建工程，首层钢筋量的计算，第 2、3 层钢筋工程量的计算，顶层结构钢筋工程量的计算，基础层钢筋量的计算，零星构件钢筋工程量的计算，报表预览。

本书为高职高专院校建筑工程、工程管理、工程造价等专业的教材，也可作为工程造价人员的岗位培训教材，还可供建设工程项目的建设单位、施工单位及设计监理等工程咨询单位的工程造价管理人员学习参考。

图书在版编目（CIP）数据

工程造价管理软件：钢筋算量实训教程/王英丽，王铁，宋丽伟主编 . —北京：冶金工业出版社，2016. 1
高职高专"十三五"规划教材
ISBN 978- 7- 5024- 7126- 2

Ⅰ . ①工…　Ⅱ . ①王…　②王…　③宋…　Ⅲ . ①建筑造价管理—应用软件—高等职业教育—教材　②钢筋混凝土结构—结构计算—应用软件—高等职业教育—教材　Ⅳ . ①TU723. 3-39　②TU375. 01-39

中国版本图书馆 CIP 数据核字（2015）第 316554 号

出 版 人　谭学余
地　　址　北京市东城区嵩祝院北巷 39 号　邮编　100009　电话　（010）64027926
网　　址　www.cnmip.com.cn　电子信箱　yjcbs@cnmip.com.cn
责任编辑　俞跃春　贾怡雯　美术编辑　杨　帆　版式设计　葛新霞
责任校对　郑　娟　责任印制　李玉山
ISBN 978-7-5024-7126-2
冶金工业出版社出版发行；各地新华书店经销；北京百善印刷厂印刷
2016 年 1 月第 1 版，2016 年 1 月第 1 次印刷
787mm×1092mm　1/16；9.5 印张；227 千字；144 页
30. 00 元

冶金工业出版社　投稿电话　（010）64027932　投稿信箱　tougao@cnmip.com.cn
冶金工业出版社营销中心　电话　（010）64044283　传真　（010）64027893
冶金书店　地址　北京市东四西大街46号（100010）　电话　（010）65289081（兼传真）
冶金工业出版社天猫旗舰店　yjgycbs.tmall.com
（本书如有印装质量问题，本社营销中心负责退换）

前　言

　　本书是依据教育部最新制定的高职高专建筑类及相近专业"工程造价管理软件"课程教学基本要求编写的，可作为高职高专建筑类课程的教学用书，也可作为其他同类学校相关专业的教材。

　　本书编写以岗位群职业能力要求为基础，注重能力目标的实现，对工程造价管理软件的应用能力进行标准定位，不断提高职业素质。学习者应做到：第一，对于结构施工图能够正确地识图；第二，在看懂图纸的基础上，能够正确地输入钢筋信息；第三，能够看懂表达式，并且查量。

　　教材编写过程中，非常注重其实用性、适用性、系统性。本教材以培养技能型人才服务为宗旨，体现建筑施工领域的"五新三型"基本原则，依据现行规范、标准，注重"以应用为目的"，"以就业为导向"，贯彻"以必需、够用为度"的精神，着重培养学生的操作能力及自主学习能力，力求体现培养技术应用型人才的根本任务。

　　本书由吉林电子信息职业技术学院王英丽、王铁、宋丽伟担任主编，吉林电子信息职业技术学院李美玲、鹿雁慧，吉林市昌邑区基建办李卓担任副主编。吉林电子信息职业技术学院田春德、曹帅、王红亮、黄越、王旭阳、陶博识，吉林化工学院刘徽参编。

　　其中吉林电子信息职业技术学院王英丽编写第4、5章，王铁编写第6、7章，宋丽伟编写第8章，李美玲、鹿雁慧、李卓编写第1、2、3、9章。田春德、曹帅、王红亮、黄越、王旭阳、陶博识、刘徽也参加了本教材的编写工作，分别在各章习题的制作及文字、图片编辑中做了大量的工作。全书由王英丽老师负责统稿工作。

　　由于编者水平所限，书中不妥之处，恳请读者批评指正。

编　者

2015 年 10 月

目　录

1　钢筋算量（抽样）软件基础知识 ·· 1

1.1　钢筋 GGJ2013 软件算量的基本原理 ······································ 1

1.2　现行钢筋计算相关规范和图集 ·· 1

1.3　软件算量的操作流程 ·· 2

2　钢筋算量软件的基本操作 ·· 4

2.1　钢筋 GGJ2013 软件的启动与退出 ·· 4

2.2　GGJ2013 软件界面介绍 ·· 4

3　新建工程项目 ·· 9

3.1　新建工程 ·· 9

3.2　新建楼层 ·· 17

4　首层钢筋量的计算 ·· 19

4.1　建立轴网 ·· 19

4.2　柱的定义与绘制 ·· 25

4.3　剪力墙的定义与绘制 ·· 38

4.4　梁的定义与绘制 ·· 52

4.5　板构件的定义与绘制 ·· 63

4.6　砌体结构钢筋工程量计算 ·· 76

5　第 2、3 层钢筋工程量的计算 ·· 88

5.1　层间复制 ·· 88

5.2　修改构件 ·· 89

6　顶层结构钢筋工程量的计算 ·· 93

6.1　判断边角柱 ·· 93

6.2　屋面板的绘制 ··· 94

6.3　水箱间构件的绘制 ·· 97

7　基础层钢筋量的计算 ·· 99

7.1　桩基础的定义与绘制 ·· 99

7.2　基础梁的定义与绘制 ……………………………………………………… 102

8　零星构件钢筋工程量的计算 ………………………………………………… 105

8.1　参数输入计算楼梯钢筋量 ………………………………………………… 105

8.2　直接输入法计算钢筋量 …………………………………………………… 107

9　报表预览 ……………………………………………………………………… 112

9.1　设置报表范围 ……………………………………………………………… 112

9.2　定额指标 …………………………………………………………………… 113

9.3　明细表 ……………………………………………………………………… 120

9.4　汇总表 ……………………………………………………………………… 122

附录　寰宇中学学生公寓结构图 ……………………………………………… 126

参考文献 ………………………………………………………………………… 144

1 钢筋算量（抽样）软件基础知识

课前准备

准备 11G101-1~11G101-3 三本图集。

1.1 钢筋 GGJ2013 软件算量的基本原理

钢筋软件通过画图方式建立建筑物的计算模型，在综合考虑了平法系列图集、结构设计规范、施工验收规范以及常见的钢筋施工工艺的基础上，在软件中进行"工程设置"，然后根据内置的计算规则实现自动扣减。软件不仅能够完整地计算工程的钢筋总量，而且能够根据工程要求按照结构类型的不同、楼层的不同、构件的不同，计算出各自的钢筋明细量，如图 1-1 所示。

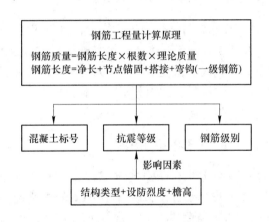

图 1-1 钢筋计算及影响因素

1.2 现行钢筋计算相关规范和图集

1.2.1 平法

平法是《混凝土结构施工图平面整体表示方法制图规则和构造详图》的简称，由山东大学陈青来教授发明。其包括制图规则和构造详图，概括来讲，就是把结构构件的尺寸和配筋等，按照平面整体表示方法制图规则，整体直接表达在各类构件的结构平面布置图上，再与标准构造详图配合，即构成一套新型完整的结构设计。把钢筋直接表示在结构平面图上，并附之各种节点构造详图，一改传统单构件正投影剖面索引再逐个绘制配筋详图和节点构造详图这种繁琐低效、信息离散的方法，设计师可以用较少的元素，准确地表达丰富的设计意图。

平法视全部设计过程与施工过程为一个完整的主系统，主系统由多个子系统构成。平法有以下几个子系统：（1）基础结构；（2）柱、墙结构；（3）梁结构；（4）板结构。各子系统有明确的层次性、关联性、相对完整性。

层次性：基础→柱、墙→梁→板，无论从设计过程还是施工过程都是按这个流程完成，层次非常清晰，具有很强的内在逻辑性。

关联性：构件的关联性其实就是力的传递路径问题。板的荷载传递给梁，梁的荷载传递给柱、墙，柱、墙的荷载传递给基础。节点通常关联到多个构件的连接，它不可能单独存在。首先确定它的归属，即节点本体归属两类构件之一；其次确定主次，即谁是支撑体系，谁是构件节点关联，最后判断谁是谁的支座。

相对完整性：基础自成体系，无柱或墙的设计内容；柱墙自成体系，无梁的设计内容；梁自成体系，无板的设计内容；板自成体系，仅有板自身的设计内容。在设计出图的表现形式上它们都是独立的板块。

平法贯穿了工程生命周期的全过程。从应用的角度讲，平法就是一本有构造详图的制图规则。

1.2.2 《混凝土结构设计规范》（GB 50010—2010）

该规范于 2011 年 7 月 1 日起施行，后经历过修订，目前使用的是 2010 年 8 月由住房和城乡建设部批准发布，并于 2011 年 7 月 1 日起实施的《混凝土结构设计规范》（GB 50010—2010），原《混凝土结构设计规范》GB 50010—2002 同时废止。本规范主要内容有：混凝土结构基本设计规定、材料、结构分析、承载力极限状态计算及正常使用极限状态验算、构造及构件、结构构件抗震设计及有关附录等。

1.2.3 《建筑物抗震构造详图》G329 系列图集

G329-X 系列图集的发展经历 94G329-1、97G329-1~97G329-9、03G329-3~03G329-6、04G329-2~04G329-8、11G329-1~11G329-3。该图集的主要内容包括框架结构、剪力墙结构、框架-剪力墙结构、板柱-剪力墙结构、部分框支剪力墙结构、筒体结构的抗震构造详图，部分错层、转换层等的结构构造做法。

1.3　软件算量的操作流程

钢筋 GGJ2013 软件采用绘图输入和单构件输入相结合的方式，依据现行"平法"G101-X 系列图集整体处理框架结构中的柱、剪力墙、梁、板，基础部分的独立基础、条形基础、筏形基础、桩基承台，构造柱、圈梁、砌体加筋等钢筋工程量；同时，利用单构件输入的方法计算各种现浇混凝土板式楼梯，零星构件的钢筋工程量的计算，全面解决钢筋工程量的抽样计算。在进行实际工程的绘制和计算时，软件的基本操作流程如图 1-2 所示。

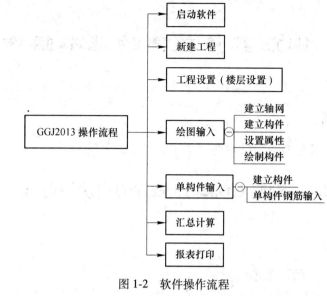

图 1-2　软件操作流程

小结

2 钢筋算量软件的基本操作

课前准备

安装广联达钢筋算量 GGJ2013 软件及加密锁程序。

2.1 钢筋 GGJ2013 软件的启动与退出

2.1.1 软件的启动

方法一：利用"开始"菜单启动。

单击"开始"按钮，打开"开始"菜单。指向"开始"菜单中的"所有程序"菜单项→"广联达建设工程造价管理整体解决方案"→"广联达钢筋软件 GGJ2013"，如图2-1所示，单击启动。

图 2-1 广联达整体解决方案

方法二：单击桌面快捷图标"[图标]"启动。

2.1.2 软件的退出

方法一：单击软件界面右上角的"[X]"退出。

如果在退出之前，当前正在编辑的文件还没有存盘，则退出前会提示是否保存。

方法二：通过"文件"菜单下的"退出"功能退出软件。

2.2 GGJ2013 软件界面介绍

2.2.1 工程设置页面

工程设置页面如图 2-2 所示。

（1）模块导航栏：用户在软件的各个界面进行切换。

（2）工程设置界面内容：单击"工程信息"、"比重设置"、"弯钩设置"、"损耗设置"、"计算设置"、"楼层设置"进行相应信息的设置、更改。

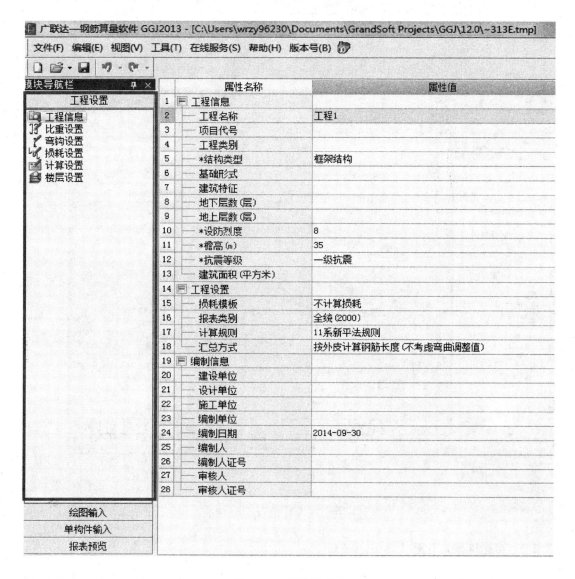

图 2-2　工程设置页面

2.2.2　绘图输入页面

点击模块导航栏中"绘图输入"进入绘图输入页面，如图 2-3 所示。

（1）标题栏：从左向右依次为软件图标、工程名称、最小化按钮、最大化按钮、关闭按钮。

（2）菜单栏：标题栏下方为菜单栏，这些菜单中包含若干个菜单项命令，使用鼠标单击菜单项可以打开对应的命令菜单。软件中所有的操作都可以在菜单栏找到相应的操作功能。

（3）工具栏：在工具栏中包含着常用的工具按钮，鼠标单击便可以进入操作命令。

（4）树状构件列表：在软件的各个构件类型，各个构件间切换。

（5）绘图区：绘图区是用户进行绘图的区域。

（6）状态栏：状态栏位于窗口的底部，用于显示当前编辑绘图信息及操作提示。

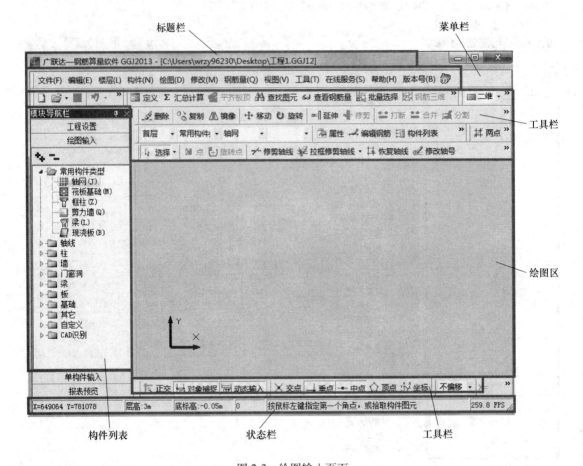

图 2-3　绘图输入页面

2.2.3　单构件输入页面

对于有些零星构件或者零星钢筋在绘图输入部分不方便绘制，软件提供了单构件输入的方法。单构件钢筋计算结果可以在其中直接输入钢筋数据，也可以通过梁平法输入、柱平法输入和参数法输入方式进行钢筋计算，单构件输入页面如图 2-4 所示。

2.2.4　报表预览页面

在模块导航中切换到报表预览页面，如图 2-5 所示。

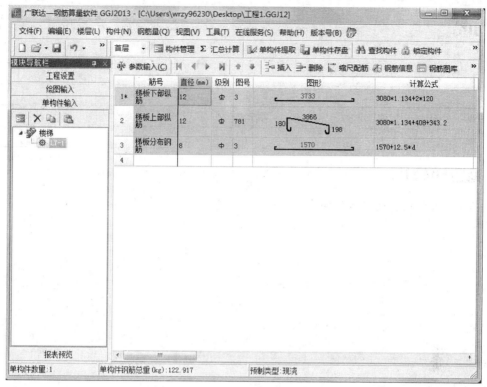

图 2-4 单构件输入页面

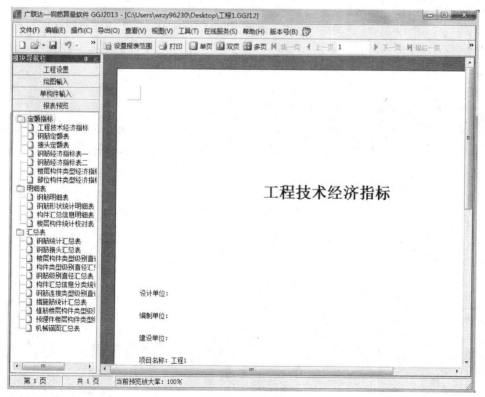

图 2-5 报表预览

小结

_____

_____

_____

_____

_____

回顾与练习

熟悉广联达软件的工作界面。

3 新建工程项目

3.1 新建工程

课前准备

分析结构设计总说明书，回答以下问题：

（1）本工程结构类型是什么？

（2）本工程抗震等级、设防烈度各为多少？

（3）本工程檐高为多少？

3.1.1 填写工程名称

（1）分析图纸后，点击桌面 GGJ2013 软件，启动软件，进入软件欢迎界面，如图 3-1 所示。

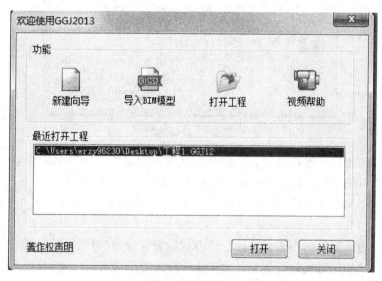

图 3-1　新建向导

（2）点击"新建向导"，进入新建工程界面，"工程名称"按实际工程名称进行填写（注：保存时工程名称为默认的文件名），如图 3-2 所示。

（3）计算规则：点击计算规则右侧的下拉框，可以在"00G101 系列"、"03G101 系列"、"11 系新平法规则"之间进行选择。选择好计算规则后，软件可根据采用的规则进行计算。本工程设计依据"11G101 图集"（注：11G101 规则与"00G101 系列"、"03G101 系列"在确认后无法进行更改，所以选择时要准确，如图 3-3 所示）。

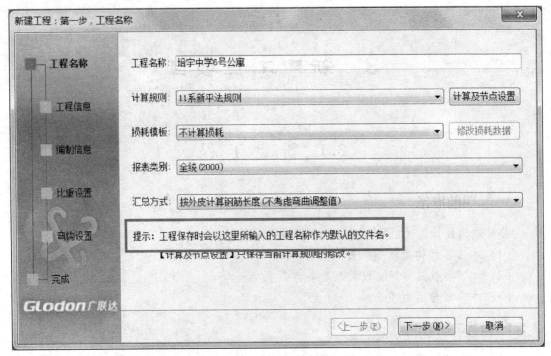

图 3-2　工程名称

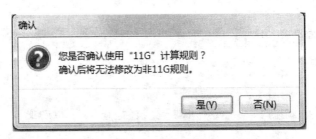

图 3-3　确认选项

（4）损耗模板：根据各地区钢筋计算损耗率进行选择，同时也可以在"修改损耗率数据"页面中对钢筋损耗数据进行设置和修改，本工程不计算损耗。

（5）报表类别：根据各地区定额及报表的差异性进行选择，本工程选择"全统2000"。

（6）汇总方式：针对报表部分的汇总方式设置，分为"按外皮计算钢筋长度"（一般预算时使用）、"按中轴线计算钢筋长度"（一般施工现场下料时使用），本工程选择"按外皮计算钢筋长度"。

3.1.2　填写工程信息

"工程名称"设置完成单击"下一步"，进入"工程信息"页面设置，如图3-4所示。
说明：

（1）加"﹡"的蓝色字体，如结构类型、设防烈度、檐高、抗震等级会影响钢筋的计算结果，一定按实际情况准确填写；

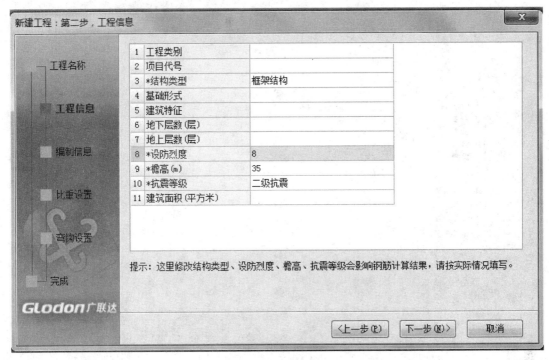

图 3-4　工程信息

（2）黑色字体（未加"＊"的项目）信息只对工程起到标识作用，对实际钢筋工程量没有影响，可以最后填写。

（3）寰宇中学 6 号公寓信息如下：

结构类型：框架结构；

设防烈度：7 度；

檐高：16m；

抗震等级：二级抗震。

3.1.3　填写编制信息

单击"下一步"进入"编制信息"页面，如图 3-5 所示。"编制信息"按照工程实际填写，该内容会显示在报表汇总中。

3.1.4　填写比重设置

单击"下一步"，进入"比重设置"页面，如图 3-6 所示。对各类钢筋的比重可以进行设置。在市场上没有直径为 6mm 的钢筋，实际施工中用直径为 6.5mm 钢筋代替直径为 6mm 的钢筋，所以将直径为 6mm 的钢筋比重调整为 0.26，调整后单元格变为黄色。

3.1.5　填写弯钩设置

单击"下一步"，进入"弯钩设置"页面，调整弯钩长度，如图 3-7 所示。

"比重设置"和"弯钩设置"一般不需要更改，若已更改，单元格显示为黄色，可点

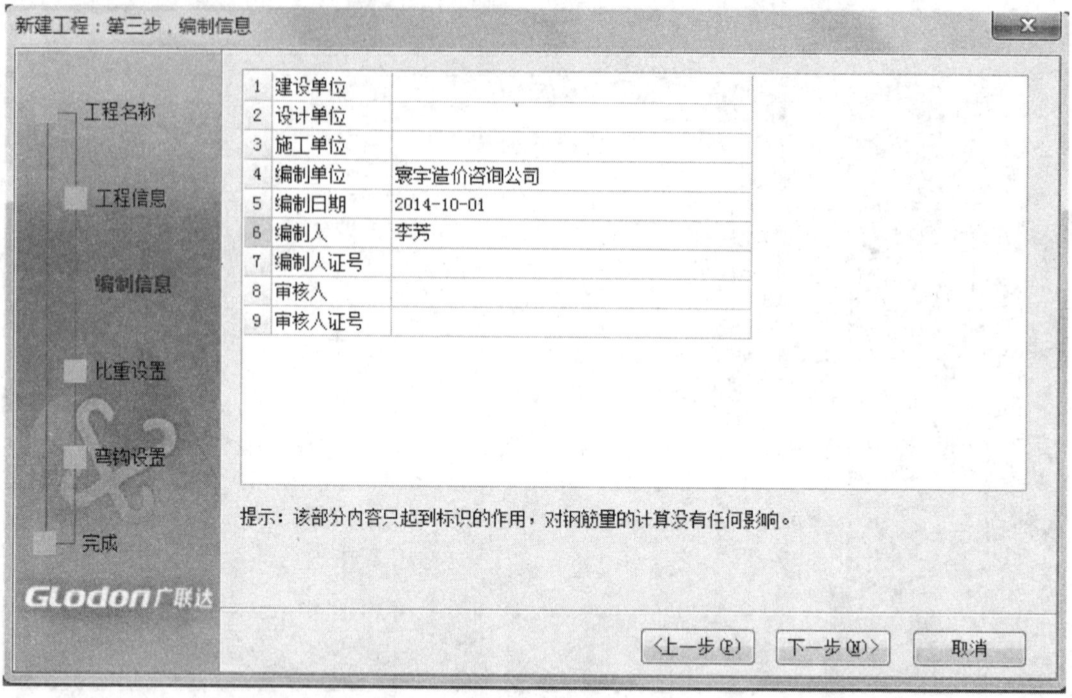

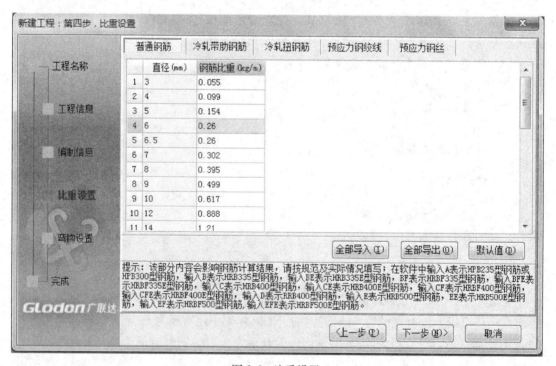

图 3-5　编制信息

图 3-6　比重设置

击"默认值"按钮恢复更改。填写过程可单击"上一步"、"下一步"反复更改。

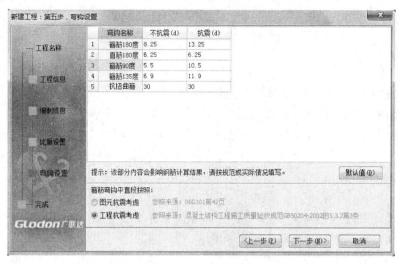

图 3-7 弯钩设置

3.1.6 整理检查

最后单击"完成"按钮,进入"工程信息"对话框。在这里可以一览前面所填信息,并可以单击进入模块导航栏的"工程信息"、"比重设置"、"弯钩设置"、"损耗设置"做最后的修改,如图 3-8 所示。

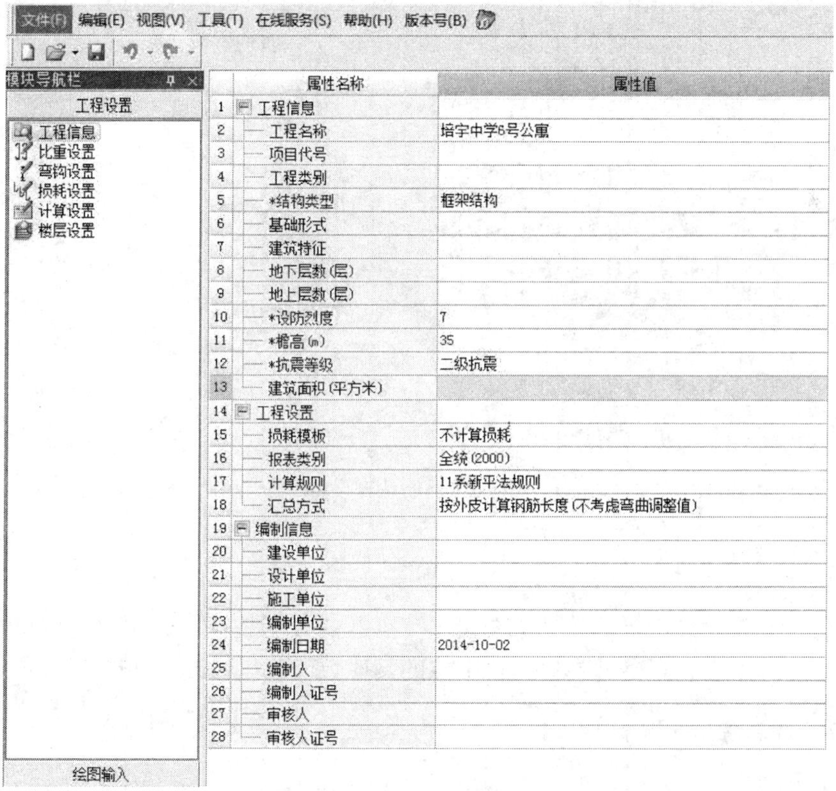

图 3-8 工程信息

3.1.7　计算设置

3.1.7.1　计算设置

单击模块导航栏下的"计算设置"进入"计算设置"页面。该部分的内容是软件内置的规范和图集（101系列图集），包括各类构件计算过程中所用到的参数的设置，直接影响钢筋的计算结果。软件中默认的都是规范中规定的数值和工程中最常用的数值，按照标准图集设计的工程，一般不需要进行修改；如设计图纸有特殊规定，可进行设置、修改，如图3-9所示。

说明：

（1）想要对设置值进行更改，只要单击对应项目下设置值的单元格，即可弹出选择下拉框，选择即可。更改后的单元格变为黄色。

（2）用户可以使用"导出规则"、"导入规则"保存和使用已有计算规则。

图3-9　钢筋计算设置

3.1.7.2　节点设置

软件在"节点设置"页面将平法图集中节点图内置于软件中，用户可以单击单元格，出现"三个点"按钮，点击选择即可。节点的具体数值可以修改，如图3-10所示。

3.1.7.3　箍筋设置

构件中的箍筋形式多样，在这里可以根据实际情况填写。单击"肢数组合"下的单元格，出现"三个点"按钮，点击选择即可，如图 3-11 所示。如果实际工程中遇到的箍筋肢数未在此提供，可自行手动添加。

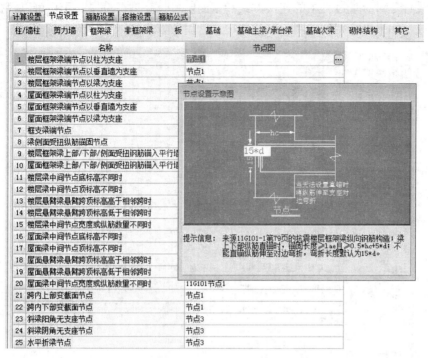

图 3-10　钢筋节点设置

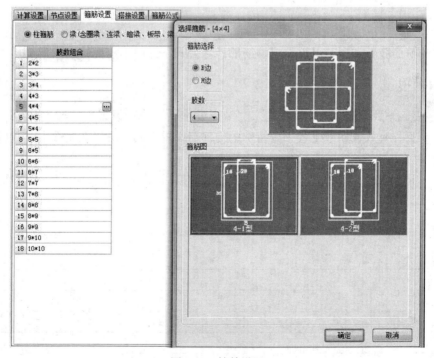

图 3-11　箍筋设置

3.1.7.4　搭接设置

搭接设置是对算量过程中的连接方式和钢筋定尺长度进行设置。用户可以根据工程实际进行修改。如果没有特殊说明，默认使用最常用的方式进行，如图 3-12 所示。

	钢筋直径范围	连接形式								墙柱垂直筋定尺	其余钢筋定尺
		基础	框架梁	非框架梁	柱	板	墙水平筋	墙垂直筋	其它		
1	HPB235, HPB300										
2	3~10	绑扎	绑扎	绑扎	绑扎	绑扎	绑扎	绑扎	绑扎	8000	8000
3	12~14	绑扎	绑扎	绑扎	绑扎	绑扎	绑扎	绑扎	绑扎	10000	10000
4	16~22	直螺纹连接	直螺纹连接	直螺纹连接	电渣压力焊	直螺纹连接	直螺纹连接	电渣压力焊	电渣压力焊	10000	10000
5	25~32	套管挤压	套管挤压	套管挤压	套管挤压	套管挤压	套管挤压	套管挤压	套管挤压	10000	10000
6	HRB335, HRB335E, HRBF335, HRBF335E										
7	3~11.5	绑扎	绑扎	绑扎	绑扎	绑扎	绑扎	绑扎	绑扎	8000	8000
8	12~14	绑扎	绑扎	绑扎	绑扎	绑扎	绑扎	绑扎	绑扎	10000	10000
9	16~22	直螺纹连接	直螺纹连接	直螺纹连接	电渣压力焊	直螺纹连接	直螺纹连接	电渣压力焊	电渣压力焊	10000	10000
10	25~50	套管挤压	套管挤压	套管挤压	套管挤压	套管挤压	套管挤压	套管挤压	套管挤压	10000	10000
11	HRB400, HRB400E, HRBF400, HRBF400E, RRB400,										
12	3~10	绑扎	绑扎	绑扎	绑扎	绑扎	绑扎	绑扎	绑扎	8000	8000
13	12~14	绑扎	绑扎	绑扎	绑扎	绑扎	绑扎	绑扎	绑扎	10000	10000
14	16~22	直螺纹连接	直螺纹连接	直螺纹连接	电渣压力焊	直螺纹连接	直螺纹连接	电渣压力焊	电渣压力焊	10000	10000
15	25~50	套管挤压	套管挤压	套管挤压	套管挤压	套管挤压	套管挤压	套管挤压	套管挤压	10000	10000
16	冷轧带肋钢筋										
17	4~12	绑扎	绑扎	绑扎	绑扎	绑扎	绑扎	绑扎	绑扎	8000	8000
18	冷轧扭钢筋										
19	6.5~14	绑扎	绑扎	绑扎	绑扎	绑扎	绑扎	绑扎	绑扎	8000	8000

图 3-12　搭接设置

3.1.7.5　箍筋公式

不同的箍筋肢数类型，可以设置箍筋的计算公式，一般不需要修改。

知识链接

（1）在工程设置中对"计算设置"、"节点设置"、"搭接设置"、"箍筋设置"进行的更改对整个工程有效，如果工程中有特殊的构件与设置不同，可以在属性中对其属性进行更改。

（2）一般情况下，图纸没有特殊说明，无须对计算设置部分的内容进行调整，按照常用参数计算即可。

小结

3.2 新 建 楼 层

 **课前准备**

分析结构施工图，回答以下问题：

（1）结构标高和建筑标高有什么区别？

（2）楼层的结构标高如何确定？

（3）楼层的层高如何确定？

（4）本工程共有几层，每层层高和首层结构标高是多少？

单击"模块导航栏"中"工程设置"下的"楼层设置"。"楼层设置"包括两部分的内容：一是楼层的建立，二是楼层钢筋缺省值的设置。

3.2.1 插入楼层

单击"插入楼层"按钮，在选定的楼层上（选中的楼层整行呈现蓝色）插入新的楼层。选中某层，单击"删除楼层"按钮可以进行楼层的删除，如图3-13所示。

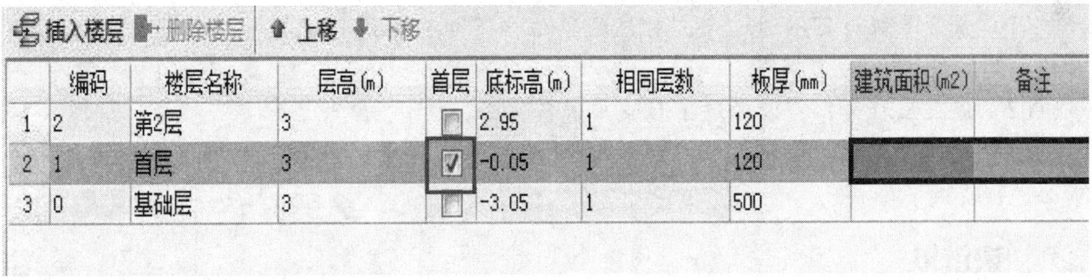

	编码	楼层名称	层高(m)	首层	底标高(m)	相同层数	板厚(mm)	建筑面积(m2)	备注
1	2	第2层	3	☐	2.95	1	120		
2	1	首层	3	☑	-0.05	1	120		
3	0	基础层	3	☐	-3.05	1	500		

图3-13 楼层设置

说明：

（1）若在基础层上插入楼层，添加的楼层为地下室；

（2）若在非基础层上插入楼层，添加的楼层顺序添加；

（3）首层底标高为结构标高；

（4）在楼层信息中，每层的层高和首层的底标高是可以输入、修改的，其他层的底标高是由下层的层高和底标高决定的；

（5）首层标记：在楼层列表中选择某一层作为首层，将其进行勾选，该层作为首层，相邻楼层的编码会自动变动，负的为地下层，基础层的编码为0，始终不变。

3.2.2 设置楼层钢筋缺省值

楼层建立完毕后，单击某层选定（反蓝）待修改的楼层，在下面的表格中进行修改。修改时对不同构件分别进行"抗震等级"、"砼标号"、"锚固"、"搭接""保护层厚度"的修改。设置调整后，可以单击"复制到其他楼层"按钮，将当前层的钢筋复制到其他楼层，如图3-14所示。

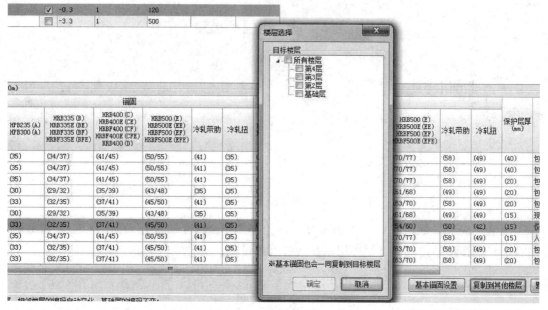

图 3-14　钢筋缺省值设置

说明：

（1）抗震等级：可以通过点击对应的单元格下拉菜单进行选择，默认读取新建工程时的抗震等级。

（2）混凝土标号：可以通过下拉菜单进行选择。

（3）锚固、搭接、保护层厚：默认取钢筋平法图集中的数值，如果没有特殊说明，不必进行更改。

知识链接

（1）软件中的单元格，可以用单元格右下角的"+"填充柄进行数值的复制。

（2）"（）"表示括号内的数值是软件默认的，如果要更改数值，要将括号删除，输入实际需要的数值。

（3）楼层列表中选择哪一层，下面显示的就是该层的钢筋缺省设置，不同层对应不同的表。

小结

_____

_____

_____

_____

_____

回顾与练习

对照工程图纸，完善工程设置的全部信息。

4 首层钢筋量的计算

4.1 建立轴网

🔅 **课前准备**

（1）观察分析首层结构施工图和建筑施工图轴网的区别。

（2）如何综合全面的建立首层轴网？

（3）轴线编号时应注意哪些问题？

在绘制工程前，需要根据图纸绘制轴线，轴线是用来辅助定位构件图元的。软件中的轴线分为轴网、辅助轴线，同时可以对已经绘制好的轴线进行编辑。

4.1.1 轴网的绘制

观察本工程图纸，轴网为横平竖直的轴线交错而成的正交轴网。

（1）将"模块导航栏"切换到"绘图输入"界面，左键双击"轴线"文件夹，单击"轴网"。点击工具栏上的"新建"按钮，点击"正交轴网"，建立"轴网-1"，如图 4-1 所示。如果要删除轴网，选中轴网，单击工具栏上的"删除"按钮。

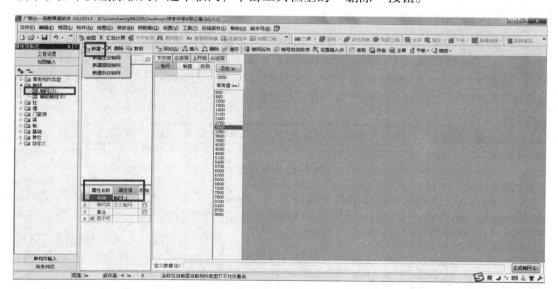

图 4-1 轴网设置

说明：

在属性编辑框名称处输入轴网的名称，默认"轴网-1"。如果工程由多个轴网拼接而成，则建议填入的名称尽可能详细。

（2）选择一种轴距类型。软件提供了下开间、左进深、上开间、右进深四种类型，如图4-2所示。依据图纸从左向右下开间轴距为3600mm，8000mm，8000mm，3600mm，7600mm，7600mm，7600mm，3600mm；上开间轴距为3600mm，8000mm，8000mm，3600mm，7600mm，7600mm，7600mm，3600mm。依据图纸从下向上左进深轴距为6900mm，2400mm，6900mm；从下向上右进深轴距为6900mm，2400mm，6900mm。

图4-2　轴距输入

1）输入下开间。鼠标左键选择下开间标签，在轴距单元格下输入3600，单击"回车"；也可以在"添加"按钮下的单元格下输入轴距，然后单击"添加"按钮；或是在常用值中直接点击已有数值输入。

2）输入完毕后在下面的"定义数据"处显示轴距如图4-3所示。定义数据：在"定义数据"中直接以"，"隔开输入轴号及轴距。格式为：轴号，轴距，轴号，轴距，轴号……例如：输入1，3000，2，1800，3，3300，4；对于连续相同的轴距也可连乘，例如：1，3000∗6，7，定义完数据后点击"生成轴网"按钮。

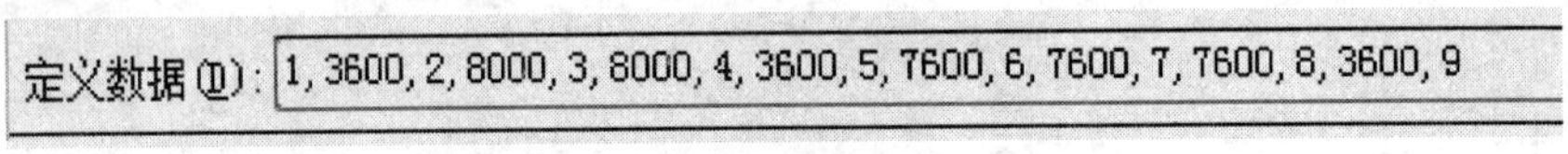

定义数据(D)：1，3600，2，8000，3，8000，4，3600，5，7600，6，7600，7，7600，8，3600，9

图4-3　轴距数据

3）输入左进深。鼠标左键选择左进深标签，在轴距单元格下依次输入6900，2400，6900。这时，可以看到右侧的轴网图显示区域已经显示了定义的轴网。

4）同理，将上开间和右进深定义好。如果上、下开间，左、右进深是对称的，也可以将下开间"定义数据"中的数值复制到上开间"定义数据"中；将左进深"定义数据"复制到右进深"定义数据"中。

（3）定义完成后，鼠标左键单击"工具栏"上的"绘图"按钮，切换到绘图界面。弹出"输入角度对话框"，按照默认为"0"确认即可，如图4-4所示。

（4）单击"确认"，绘制区显示轴网，绘制完成，如图4-5所示。

图 4-4 角度输入页面

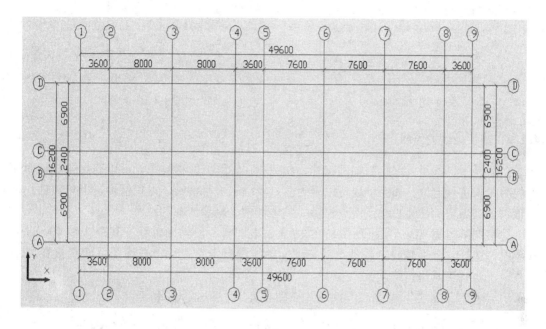

图 4-5 轴网

知识链接

软件中除了可以对正交轴网进行定义外，还可以对圆弧轴网、斜交轴网进行绘制。

（1）圆弧轴网的绘制：

1）在导航栏选择"轴网"构件类型，单击构件列表工具栏按钮"新建"→"新建圆弧轴网"，打开轴网定义界面；

2）圆弧轴网下开间输入为角度，左进深输入为弧距；

3）起始半径：为第一根圆弧轴线距离圆心的距离；

4）定义完成后，点击"绘图"按钮，输入默认"0"，绘制完成。如图 4-6 所示。

（2）斜交轴网的绘制：

斜交轴网的操作同正交轴网，如图 4-7 所示。

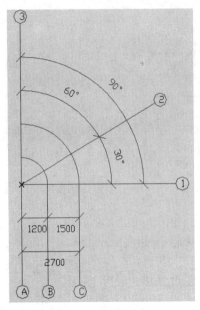

图 4-6 圆弧轴网

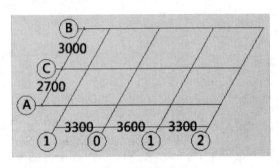

图 4-7 斜交轴网

4.1.2 辅助轴线的绘制

在软件中，除了可以绘制轴网以外，一些不在轴线上的构件图元可以通过绘制辅助轴线的功能来进行定位。辅助轴线可以分为两点辅轴、平行辅轴、点角辅轴、轴角辅轴、转角辅轴、三点辅轴、圆心起点终点辅轴、圆形辅轴、删除辅轴。

观察图纸建施-03 一层平面图，在 2、3 轴之间有一段辅助轴线，其距 2 轴 4000mm。在导航栏选择"辅助轴线"构件类型（辅助轴线没有定义过程，在绘图页面直接在"工具栏"上选择工具进行绘制）。

（1）在"工具栏"上单击"两点"按钮。如图 4-8 所示。

　　　両点　平行　点角　三点辅轴　删除辅轴　尺寸标注

图 4-8 工具栏

（2）将光标放到 2 轴和 A 轴交点处，当变成"▣"时，按住"shift"，同时单击（2，A）交点（偏移点），弹出"偏移"对话框，如图 4-9 所示。

（3）同时，查看绘图区域下方的"状态栏"，查看操作提示，如图 4-10 所示。

图 4-9 输入偏移量

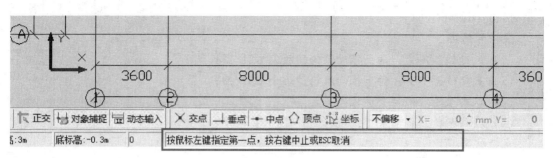

图 4-10 操作提示

（4）"X"、"Y"分别为偏移方向，正值向偏移点右侧或上方偏移；负值向偏移点左侧或下方偏移；0 为不偏移。在 X 正方向偏移 4000mm；按住"shift"+鼠标左键（2，B），弹出偏移对话框，X=4000mm，Y 方向无偏移。输入完弹出输入轴号对话框，如图 4-11 所示，若无辅助轴线轴号可不填写，点击"确定"即可，如图 4-12 所示。

图 4-11 轴号输入框

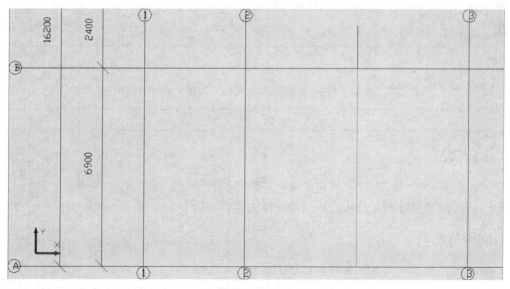

图 4-12 辅助轴线

说明：

滚轮的用法：

（1）鼠标位置不变，向上推动滚轮，放大 CAD 图；

（2）鼠标位置不变，向下推动滚轮，缩小 CAD 图；

（3）双击滚轮，回到全屏状态；

（4）按住滚轮，移动鼠标，进行 CAD 图的拖动平移。

光标状态：

（1）绘图状态▣；

（2）选择状态▣；

（3）无效操作✛。

知识链接

（1）辅助轴线的画法有很多，如图 4-8 所示。使用哪种画法还要视图纸的实际情况而定。具体操作不做详解，请用户参看软件"帮助"菜单栏下的"文字帮助"→"绘图输入"→"构件参考"→"轴线"→"辅轴"。

（2）关于"辅轴的编辑"工具栏，如图 4-13 所示。具体操作不做详解，请用户参看软件"帮助"菜单栏下的"文字帮助"→"绘图输入"→"构件参考"→"轴线"→"轴线编辑"。

| 选择 ▾ | ⤬ 修剪轴线 | ⤬ 拉框修剪轴线 ▾ | ⫠ 恢复轴线 | ✎ 修改轴号 | 12 修改轴距 | 修改轴号位置 |

图 4-13　辅轴编辑工具栏

（3）用户选择操作命令后，在不知道如何操作的情况下，应养成查看状态栏的操作提示进行操作的习惯。

小结

_____

_____

_____

_____

工程实战

（1）任务要求：按上述讲解完成轴网的绘制。

（2）实战结果参考及分析：绘制轴网如图 4-14 所示。

回顾与练习

（1）对照图纸，完成本工程主轴线的绘制。

（2）对照图纸，利用"平行"的方式添加辅助轴线，并且利用"工具栏"上"修剪

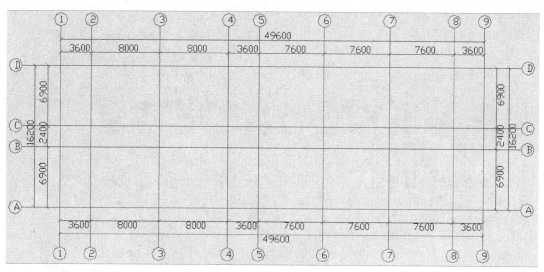

图 4-14 工程轴网

轴线"按钮，对多余轴线进行剪切编辑。

（3）完成软件内置"帮助"中，关于"辅轴"、"轴线编辑"的所有例子的操作。

4.2 柱的定义与绘制

课前准备

（1）复习平法图集 11G101-1 柱制图规则第 8~12 页内容。

（2）观察分析结施-07 底层柱配筋图中一层柱种类。

构件的绘制过程都是按照先定义构件、再绘制图元的顺序进行。柱钢筋算量软件需要计算纵筋和箍筋。计算纵筋时，需要明确纵筋的锚固搭接长度；而计算箍筋根数，需要知道加密与非加密区范围。这些数据的计算可以依照平法 11G101-1 第 57~67 页的规定；软件中在"工程设置"→"计算设置"中设置。

4.2.1 框柱的定义与绘制

4.2.1.1 框柱的定义

以底层（1，A）处 KZ-1 为例，讲解框柱的定义，如图 4-15 所示。

软件中"模块导航栏"→"柱"→"框柱"，点击"工具栏"上的"定义"按钮，点击"新建"→"新建矩形框柱"，如图 4-16 所示。读取 KZ-1 的信息，输入柱的"属性编辑"信息。"名称"属性值输入"KZ-1"。"类别"选项中，点击属性值单元格，打开下拉框选择类别，本例 KZ-1 类别为"框架柱"；柱子全部纵筋为 16 根直径为 22mm 的三级钢筋。输入"全部纵筋"时，要先把"角筋"、"b 边一侧中部筋"、"h 边一侧中部筋"后面的属性值删除。软件中"全部纵筋"输入 16C22。箍筋是直径为 8mm 间距为

100mm 的二级钢，箍筋为 4×4 肢箍，如图 4-17 所示。

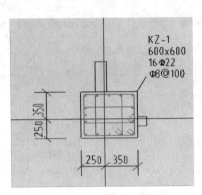

图 4-15　KZ-1 结构图

图 4-16　新建页面

	属性名称	属性值	附加
1	名称	KZ-1	
2	类别	框架柱	☐
3	截面编辑	否	
4	截面宽(B边)(mm)	600	☐
5	截面高(H边)(mm)	600	☐
6	全部纵筋	16ΦR22	☐
7	角筋		☐
8	B边一侧中部筋		☐
9	H边一侧中部筋		☐
10	箍筋	Φ8@100	☐
11	肢数	4*4	
12	柱类型	(中柱)	☐
13	其它箍筋		
14	备注		☐
15	⊞ 芯柱		
20	⊞ 其它属性		
33	⊞ 锚固搭接		
48	⊞ 显示样式		

图 4-17　属性编辑

观察图纸可知，KZ-1 的中心不在轴网上，因此在参数图上输入偏心距离，如图 4-18
所示。

说明：

（1）在软件中钢筋的输入格式：数量+级别+直径。

软件规定：

Ⅰ级（HPB300）钢筋符号为"φ"，用 A（a）表示；

Ⅱ级（HRB335）钢筋符号为"Φ"，用 B（b）表示；

Ⅲ级（HRB400）钢筋符号为"Φ"，用 C（c）表示；

RRB400 用 D（d）表示。

箍筋输入时用"–"代替"@"输入，输入更方便。例如，<u>Φ8@100</u> 软件输入为"b8–100"即可。

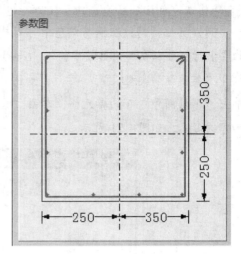

图4-18 偏移参考图

（2）单击箍筋"属性值"单元格后出现"⋯"，点击出现"钢筋输入助手"，查看箍筋输入格式及说明。如图4-19所示。

格式1：

级别+直径+间距（肢数）；加密和非加密不同时，用"/"隔开；相同时则输入一个间距即可；肢数不输入时按肢数属性中的数据计算。

例如：A8–100/200（4*4）；

格式2：

级别+直径+加密间距（肢数）/非加密间距（肢数）；主要处理加密箍筋肢数与非加密箍筋肢数不同的设计方式；加密肢数不输入时按肢数属性中的数据计算。

例如：A8–100（4*4）/200（2*2）；

格式3：

数量+级别+直径+加密间距/非加密间距（肢数）；主要处理指定上下两端加密箍筋数量的设计方式；肢数不输入时按肢数属性中的数据计算。

例如：13A8–100/200（4*4）；

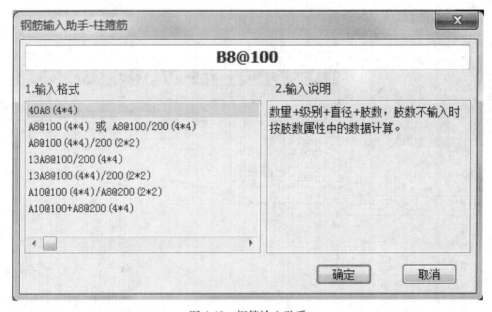

图4-19 钢筋输入助手

（3）柱类型分为中柱、角柱、B边边柱、H边边柱，对顶层柱的顶部锚固和弯折有影响，直接关系到计算结果。中间层按中柱计算。软件中用"（中柱）"表示，括号中的值为默认值。在中间层不用修改，如图4-17所示。在顶层绘制完柱后，使用软件提供的

"自动判断边角柱" 功能来判断柱的类型。

(4) 其他箍筋：在箍筋信息中可以输入构件的箍筋，如果箍筋的信息不能满足构件的要求时，可以在其他箍筋中输入相关的箍筋信息。点击 "其他箍筋" 属性值的 "▦"，打开 "其他箍筋类型设置" 页面，如图 4-20 所示，点击 "新建" 按钮，新建一个箍筋，单击 "箍筋图号" 下的单元格，单击 "▦" 打开 "选择钢筋图形" 页面，选择弯折形式和弯钩形式，如图 4-21 所示。

图 4-20 其他箍筋输入

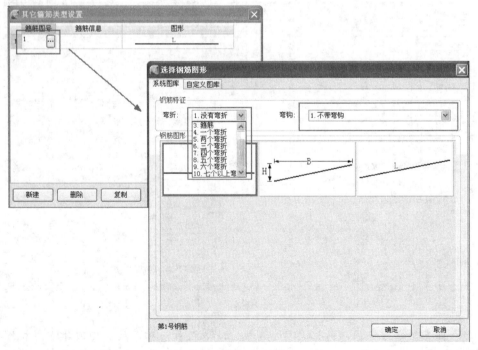

图 4-21 选择图号

选择两个弯折，同时带有90度，两个弯钩形式的箍筋，页面的下方可以显示钢筋编号为79，点击确定按钮，如图4-22所示。

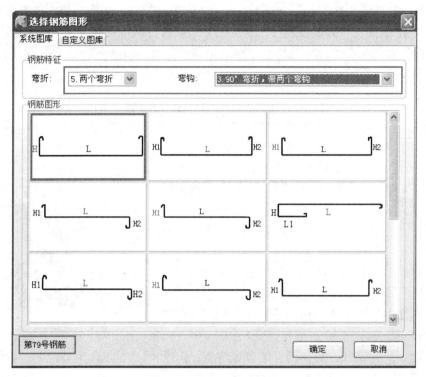

图4-22 弯折和弯钩形式

输入箍筋信息和箍筋长度信息，点击确定按钮完成箍筋信息的输入，如图4-23所示。

图4-23 箍筋信息输入

4.2.1.2 框柱的绘制

（1）KZ-1定义完毕后，单击工具栏上的"绘图"按钮，切换到绘图界面。软件提供了"点"、"旋转点"、"智能布置"三种绘制方式。软件默认的画法是"点"画法，工具栏上的"点"画图标变为凹陷的状态，即该功能被启用，如图4-24所示。在（1，A）轴交汇处，单击鼠标左键，布置KZ-1。

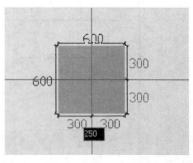

图4-24 画法工具栏

定义KZ-2，方法同KZ-1，不赘述。这根柱也是偏心柱，在属性编辑参数图中不改变其偏心距离，绘制完图元后，选中图元，使用"绘图工具栏"中的"查改标注"直接输入偏心距离进行偏心设置，如图4-25所示。

（2）将所有构件都定义好后，切换到绘图页面，直接在工具栏切换柱构件，如图4-26所示。

（3）若图中某区域轴线相交处的柱都相同，可以用"智能布置"的方法快速布置。（6，D）和（7，D）轴的交点都为KZ-b，可使用智能布置功能。选择KZ-b，单击工具栏中"智能布置"，选择按"轴线"布置，如图4-27所示。

图4-25 偏心值输入

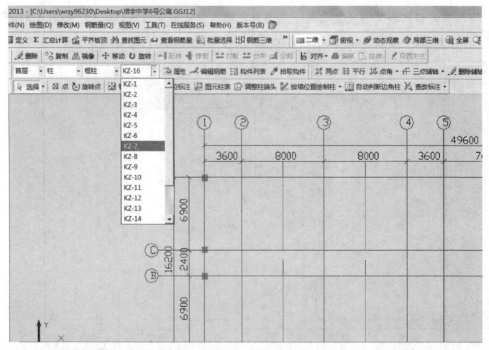

图4-26 切换柱构件

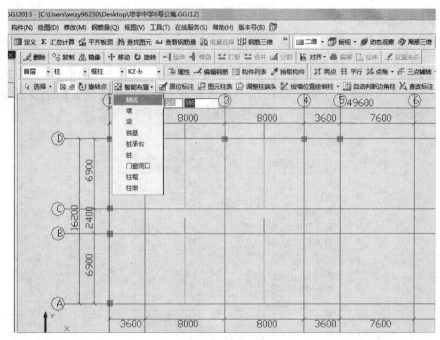

图 4-27　智能布置

在图形中框选要布置柱的范围，单击右键确认，软件自动在所有范围内所有轴线相交处布置上 KZ-b，如图 4-28 所示。

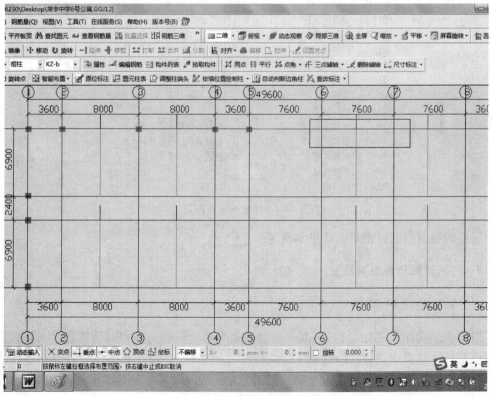

图 4-28　智能布置柱

4.2.2 梯柱的绘制

以结施-17，1号楼梯梯柱为例，介绍梯柱的绘制。

梯柱的定义与框柱类似，软件中"模块导航栏"→"柱"→"框柱"，点击"工具栏"上的"定义"按钮，点击"新建"→"新建矩形框柱"，这里要特别注意的是梯柱的顶标高为1.94，需要做更改，填写属性编辑信息如图4-29所示。

	属性名称	属性值	附加
1	名称	TZ	
2	类别	框架柱	☐
3	截面编辑	否	
4	截面宽(B边)(mm)	300	☐
5	截面高(H边)(mm)	300	☐
6	全部纵筋		
7	角筋	8Φ16	☐
8	B边一侧中部筋		☐
9	H边一侧中部筋		☐
10	箍筋	Φ8@100	☐
11	肢数	3*3	
12	柱类型	(中柱)	☐
13	其它箍筋		
14	备注		☐
15	⊞ 芯柱		
20	⊟ 其它属性		
21	— 节点区箍筋		☐
22	— 汇总信息	柱	
23	— 保护层厚度(mm)	(30)	
24	— 上加密范围(mm)		
25	— 下加密范围(mm)		
26	— 插筋构造	设置插筋	
27	— 插筋信息		☐
28	— 计算设置	按默认计算设置计算	
29	— 节点设置	按默认节点设置计算	
30	— 搭接设置	按默认搭接设置计算	
31	— 顶标高(m)	1.94	☐
32	— 底标高(m)	-0.04	☐

图4-29　梯柱的属性编辑

梯柱的绘制与框柱相同，这里不赘述。

4.2.3 汇总计算和查看钢筋量

4.2.3.1 汇总计算

对于水平构件（例如梁），在某一层绘制完毕后，只要支座和钢筋信息输入完成，就可以汇总计算查看钢筋量。但是对于竖向构件（例如柱），由于和上下层柱存在连接的关系，且和上下层梁、板存在节点之间的锚固关系，所以需要在上下层相关联的构件都绘制完毕后，才能汇总计算准确的钢筋量。

（1）单击工具栏上"Σ汇总计算"按钮，选择要进行计算的楼层，左键"计算"即可，如图 4-30 所示。

（2）软件开始计算并汇总选中楼层构件的钢筋量，计算完毕，弹出图 4-31 所示对话框。

图 4-30　汇总计算

图 4-31　确定对话框

4.2.3.2　查看钢筋计算结果

A　查看钢筋量

单击工具栏"查看钢筋量"，鼠标左键（或拉框）选择图元，显示钢筋计算结果，如图 4-32 所示。

| | 构件名称 | 钢筋总重量(Kg) | HRB335 | | | HRB400 | | | | | |
			8	10	合计	16	18	20	22	25	合计
1	KZ-2[5]	174.512	76.32	0	76.32	0	98.192	0	0	0	98.192
2	KZ-3[11]	181.667	83.475	0	83.475	0	98.192	0	0	0	98.192
3	KZ-4[16]	208.162	83.586	0	83.586	0	0	0	124.576	0	124.576
4	KZ-10[30]	231.849	0	133.673	133.673	0	98.176	0	0	0	98.176
5	KZ-10[35]	231.849	0	133.673	133.673	0	98.176	0	0	0	98.176
6	KZ-16[48]	208.162	83.586	0	83.586	0	0	0	124.576	0	124.576
7	KZ-10[55]	231.849	0	133.673	133.673	0	98.176	0	0	0	98.176
8	KZ-10[56]	231.849	0	133.673	133.673	0	98.176	0	0	0	98.176
9	KZ-12[65]	220.391	0	122.215	122.215	0	98.176	0	0	0	98.176
10	KZ-11[75]	220.391	0	122.215	122.215	0	98.176	0	0	0	98.176
11	KZ-9[76]	231.849	0	133.673	133.673	0	98.176	0	0	0	98.176
12	KZ-7[78]	220.395	0	122.215	122.215	0	98.18	0	0	0	98.18
13	KZ-6[80]	220.395	0	122.215	122.215	0	98.18	0	0	0	98.18
14	KZ-a[85]	310.907	0	122.492	122.492	0	0	0	0	188.415	188.415
15	KZ-13[91]	208.162	83.586	0	83.586	0	0	0	124.576	0	124.576
16	KZ-14[94]	174.512	76.32	0	76.32	0	98.192	0	0	0	98.192

查看钢筋量表　钢筋总重量(Kg)：9307.58

图 4-32　钢筋量表

B　编辑钢筋

（1）单击工具栏"编辑钢筋"按钮，选择柱图元，在绘图区下方显示"编辑钢筋"列表，如图 4-33 所示。

（2）使用编辑钢筋功能，可以清楚显示构件中每根钢筋的形状、计算公式、长度、总重。另外，还可以对"编辑钢筋"的列表项目进行输入和修改，也可以在空白行进行钢筋的添加。输入"筋号"为"其他"，选择直径、级别、图号，在图形中输入长度、需要的根数和其他信息。这样，可以看到钢筋计算结果，还可以对结果进行修改，满足不同需求。

编辑构件钢筋

单构件钢筋总重(kg)：208.162

	筋号	直径(mm)	级别	图号	图形	计算公式	公式描述	长度(mm)	根数	搭接	损耗(%)	单重(kg)	总重(kg)	钢筋归类
1*	全部纵筋.1	22	Φ	18	264 2487	3450-933-650+650-30+12*d	层高-本层的露出长度-节点高+节点高-保护层+变截面柱顶弯折	2751	6	1	0	8.198	49.188	直筋
2	全部纵筋.2	22	Φ	18	264 1717	3450-1703-650+650-30+12*d	层高-本层的露出长度-节点高+节点高-保护层+变截面柱顶弯折	1981	4	1	0	5.903	23.614	直筋
3	全部纵筋.3	22	Φ	18	922 2487	3450-933-650+650-30+50+41*d-30	层高-本层的露出长度-节点高+节点高-保护层+变截面柱顶弯折(截面变化+节点设置中的弯折长度-保护层)	3409	2	1	0	10.159	20.318	直筋
4	全部纵筋.4	22	Φ	18	922 1717	3450-1703-650+650-30+50+41*d-30	层高-本层的露出长度-节点高+节点高-保护层+变截面柱顶弯折(截面变化+节点设置中的弯折长度-保护层)	2639	4	1	0	7.864	31.457	直筋

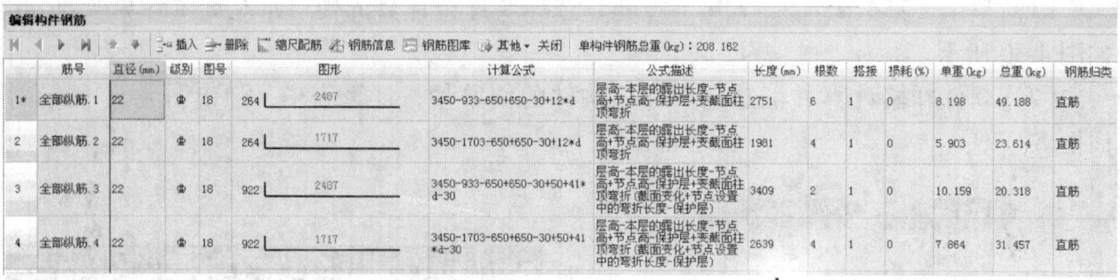

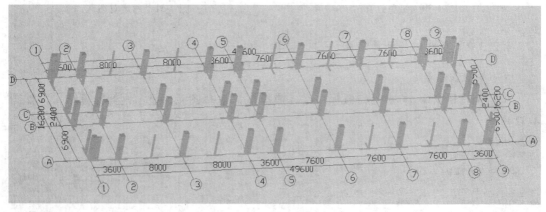

图 4-33　编辑钢筋列表

（3）软件计算的钢筋结果显示为淡绿色底色，手动输入的行显示为白色底色，便于区分。

C　动态观察

构件绘制完毕后，可以从不同角度进行工程整体三维效果的预览。通过显示构件的三维立体效果，可以检查构件绘制的是否正确，如图 4-34 所示。

图 4-34　柱三维效果

（1）点击“视图”→“动态观察”。

（2）在绘图区域拖动鼠标，绘图区域的构件图元会随着鼠标的移动而进行旋转。

（3）点击鼠标右键退出该功能。

D　钢筋三维

在汇总计算完成后，可以利用“钢筋三维”功能来查看计算是否正确，也可以通过此功能辅助学习钢筋的算法。钢筋三维能够直观真实地反映当前所选择图元的内部钢筋骨架，清楚显示钢筋骨架中每根钢筋与编辑钢筋中的每根钢筋的对应关系。

（1）以框架柱为例，单击工具栏“钢筋三维”按钮，选择 KZ-1，旋转柱，如图 4-35 所示。

图 4-35　柱钢筋三维

（2）选中三维的某根钢筋线时，将在钢筋线上显示各段的尺寸及计算公式，同时在“编辑钢筋”的表格中对应的行亮显，同时也可以对编辑构件钢筋列表中对应的数值进行修改，如图 4-36 所示。

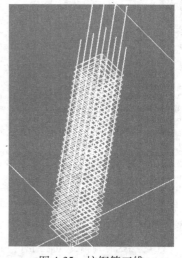

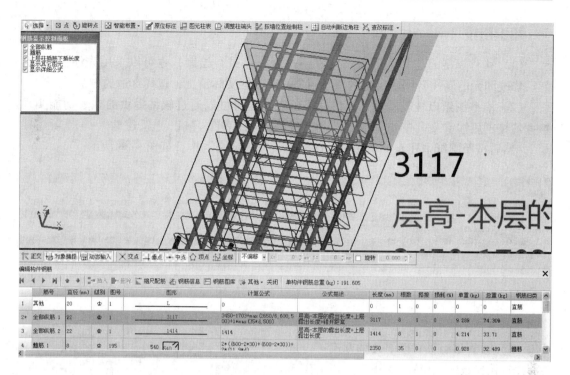

图 4-36　编辑构件钢筋

（3）在执行"钢筋三维"命令时，软件会根据不同类型的图元显示一个浮动的"钢筋显示控制面板"，用来设置当前类型的图元中隐藏、显示哪些钢筋类型。勾选不同的项时，绘图区会及时更新显示。其中的"显示其他图元"可以设置是否显示本层其他类型构件的图元，如图 4-37 所示。

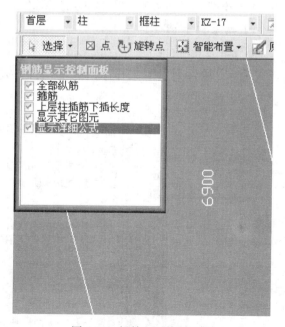

图 4-37　钢筋显示控制面板

知识链接

（1）构件模型的建立一般采用定义→绘制顺序进行绘制，也可以采用先绘制图元，然后修改图元的属性名称，反建构件。用户可以根据实际情况，选择合适的方法。

（2）有些图纸以柱表的形式给出柱子信息，这时可以通过软件提供的柱表功能实现快速的柱子属性定义。单击"构件"菜单栏→"柱表"，单击"新建柱"→"新建柱层"，然后按照图纸中柱表的信息对号抄写到"柱表定义"中，如图 4-38 所示。

图 4-38　柱表定义页面

（3）设置偏心轴有以下几种方式：

1）在参数图中设置偏心距离；

2）画完图元，选中图元，点击"查改标注"，修改偏心距离；

3）"点"画状态下，按住"ctrl"＋"鼠标左键"，直接进入偏心距离修改的界面，如图 4-39 所示。

（4）"构件列表功能"：绘图时，如果有多个构件，可以在"构件工具条"上选择构件，如"｜首层　▾柱　▾框柱　▾KZ-1　▾｜"；

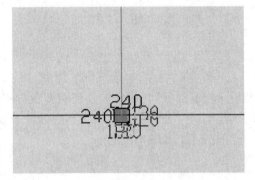

图 4-39　偏心距离输入

也可以通过"视图"菜单下的"构件列表"来显示所有的构件，方便绘图时选择使用，如图 4-40 所示。

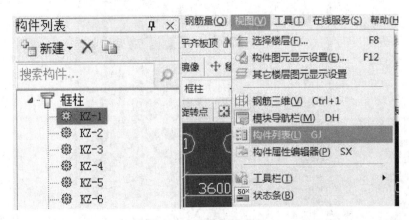

图 4-40　选择构件列表

小结

_____

_____

_____

_____

_____

工程实战

（1）任务要求：按上述讲解的操作方法完成首层柱构件的定义及绘制，并汇总钢筋量。

（2）实战结果参考及分析：首层柱钢筋量汇总表见表 4-1。

表 4-1 首层柱钢筋量

楼层名称：首层（绘图输入）

构件类型	构件类型钢筋总质量/kg	构件名称	构件数量	单个构件钢筋质量/kg	构件钢筋总质量/kg	接头
柱	8440.899	KZ-2[5]	1	174.512	174.512	16
		KZ-3[11]	1	181.667	181.667	16
		KZ-4[16]	1	232.205	232.205	16
		KZ-10[30]	4	231.849	927.396	64
		KZ-16[48]	1	232.205	232.205	16
		KZ-12[65]	2	220.391	440.783	32
		KZ-11[75]	2	220.391	440.783	32
		KZ-9[76]	4	231.849	927.396	64
		KZ-7[78]	1	220.395	220.395	16
		KZ-6[80]	5	220.395	1101.977	80
		KZ-a[85]	2	310.907	621.814	32
		KZ-13[91]	1	232.205	232.205	16
		KZ-14[94]	1	174.512	174.512	16
		KZ-15[99]	1	181.667	181.667	16
		KZ-5[100]	5	220.395	1101.977	80
		KZ-1[102]	1	232.205	232.205	16
		KZ-8[107]	1	220.395	220.395	16
		KZ-b[118]	2	310.907	621.814	32
		TZ[4141]	4	43.748	174.991	

回顾与练习

（1）梯柱高度如何修改？

（2）利用软件中的"柱表"完成图 4-41 中 KZ1、KZ2、KZ3 的定义。

柱 号	标 高	b×h	角 筋	b每侧中部筋	h每侧中部筋	箍筋类型号	箍 筋
KZ1	基础顶~3.800	500×500	4B22	3B18	3B18	1(4×4)	A8@100
	3.800~14.400	500×500	4B22	3B16	3B16	1(4×4)	A8@100
KZ2	基础顶~3.800	500×500	4B22	3B18	3B18	1(4×4)	A8@100/200
	3.800~14.400	500×500	4B22	3B16	3B16	1(4×4)	A8@100/200
KZ3	基础顶~3.800	500×500	4B25	3B18	3B18	1(4×4)	A8@100/200
	3.800~14.400	500×500	4B22	3B18	3B18	1(4×4)	A8@100/200

图 4-41   柱表

4.3   剪力墙的定义与绘制

课前准备

（1）复习平法图集 11G101-1 剪力墙制图规则第 13~24 页内容。

（2）观察分析结施-04、结施-07 底层剪力墙水平钢筋和垂直钢筋的构造。

（3）分析暗柱、端柱纵向钢筋的构造。

4.3.1   剪力墙的定义与绘制

本工程在建筑物四角处有剪力墙及暗柱、端柱，如图 4-42 所示。剪力墙厚度为 250mm，水平钢筋为双排Φ10@100，竖向钢筋为双排Φ10@150 的钢筋，拉筋为梅花双向布置，水平间距与垂直间距均为 600mm。

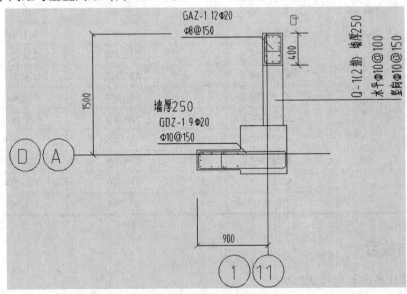

图 4-42   剪力墙结构图

4.3.1.1 剪力墙的定义

打开软件，在模块导航栏中单击"墙"→"剪力墙"→"定义"→"新建"→"剪力墙"，输入钢筋信息，如图 4-43 所示。

	属性名称	属性值	附加
1	名称	Q-1	
2	厚度(mm)	250	☐
3	轴线距左墙皮距离(mm)	(125)	☐
4	水平分布钢筋	(2)Φ10@100	☐
5	垂直分布钢筋	(2)Φ10@150	☐
6	拉筋	Φ6@600*600	☐
7	备注		☐
8	⊞ 其它属性		
23	⊞ 锚固搭接		
38	⊞ 显示样式		

图 4-43　剪力墙属性编辑

（1）名称：Q-1。

（2）厚度：250。

（3）轴线距左墙皮距离（mm）：这里括号内默认为墙的中心线距离，这里不做更改，在画图时候通过偏移实现。

（4）水平分布钢筋：输入格式为（排数）+级别+直径+@+间距，当剪力墙有多种直径的钢筋时，在钢筋与钢筋之间用"+"连接。"+"前面表示墙体内侧钢筋信息，"+"后面表示墙体外侧钢筋信息。例如：（1）B14@100+（1）B12@100，表示剪力墙内侧钢筋为Φ14@100，外侧钢筋为Φ12@100。本工程水平钢筋在软件中表示为"（2）C10@100"。

（5）垂直分布钢筋：剪力墙的竖向钢筋，输入格式为（排数）+级别+直径+@+间距，例如：（2）B12@150。本工程水平钢筋表示为"（2）C10@150"。

（6）拉筋：剪力墙中的横向构造钢筋，即拉筋，其输入格式为：级别+直径+@+水平间距×竖向间距。拉筋有两种排布形式，分别为"双向布置"或"梅花布置"。软件中默认为"双向布置"，本工程为"梅花布置"，在"模块导航"中切换到"工程设置"→"计算设置"→"节点设置"→"剪力墙"，点击" 31 剪力墙身拉筋布置构造 "后的"节点图"单元格，选择"梅花布置"，如图 4-44 所示。拉筋钢筋信息输入格式为：A6@600*600。

说明：

在"属性编辑"中 19~22 项分别表示：

起点顶标高（m）：绘制起点处的顶标高，单位 m。

终点顶标高（m）：绘制终点处的顶标高，单位 m。

起点底标高（m）：绘制起点处的底标高，单位 m。

终点底标高（m）：绘制终点处的底标高，单位 m。

标高如图 4-45 所示。

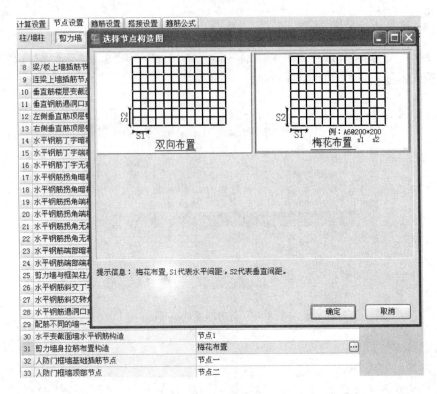

图 4-44　剪力墙拉筋形式选择

4.3.1.2　剪力墙的绘制

剪力墙定义完成后单击工具栏"定义/绘图"按钮，由于剪力墙是线性构件，所以进入到绘图页面后，软件默认为"＼直线"画法。

（1）绘制（1，A）轴处 X 方向剪力墙。鼠标左键单击（1，A）轴交点→按住"shift ＋（1，A）交点"弹出"偏移对话框"，依据图纸，X 正方向偏移 900mm，Y 方向无偏移，如图 4-46 所示。单击"确认"按钮。然后鼠标右键退出绘图。

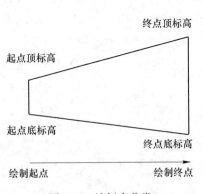

图 4-45　墙标高分类

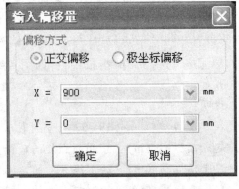

图 4-46　偏移量输入

（2）图纸中（1，A）轴处 Y 方向还有一段剪力墙，用另外一种方法绘制。在绘图工作区下方的工具栏上选择 " 正交 " 和 " 动态输入 " 按钮，点击 " 直线 " 按钮。鼠标左键单击（1，A）交点，将光标向 Y 的正方向移动，这时会出现 "动态输入框"，如图 4-47 所示。输入 "1500" 回车，鼠标右键退出即可。

（3）本工程剪力墙与柱边对齐，利用 "单对齐" 功能对齐。选中要进行单对齐的构件→鼠标右键→单击 "单对齐"→鼠标左键指定 "对齐目标线"，也就是要对齐的柱边；按鼠标左键选择图元需要对齐的边线，鼠标右键退出，如图 4-48 所示。

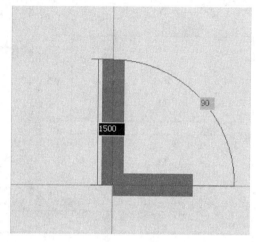

图 4-47　动态输入

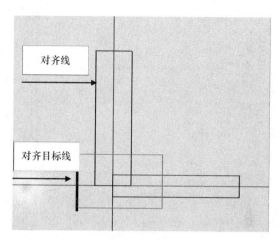

图 4-48　单对齐

4.3.2　端柱的绘制

4.3.2.1　端柱的定义

在 "模块导航栏"→单击 "柱"→"端柱"，如图 4-49 所示。鼠标左键单击 "定义"→"新建"→"新建矩形端柱"，输入 "属性编辑" 信息。

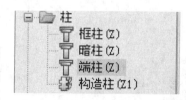

图 4-49　端柱

（1）名称：GDZ-1。

（2）截面宽（B 边）：由于端柱不能与框柱重叠布置，因此端柱宽度到柱边为 900 - 350 = 550。

（3）截面高（H 边）：250。

（4）将 "角筋"、"B 边一侧中部筋"、"H 边一侧中部筋" 数据全部删除。

（5）箍筋：B10@150。

（6）截面编辑：选择 "是"，进入到截面编辑界面，如图 4-50 所示。

1）角筋：鼠标左键工具栏 "布角筋" 按钮，工具栏 "钢筋信息" 输入框输入角筋钢筋信息 4C20（所输入的钢筋信息，只有级别直径有效，数量无效）。输入完成后，单击鼠标右键生成角筋，如图 4-51 所示。

2）B 边中一侧中部筋：鼠标左键工具栏 "布边筋" 按钮，工具栏 "钢筋信息" 输入框输入 B 边中部钢筋信息 2C20。输入完成后，鼠标左键单击 B 边上两根角筋的连接虚线，如图 4-52 所示。

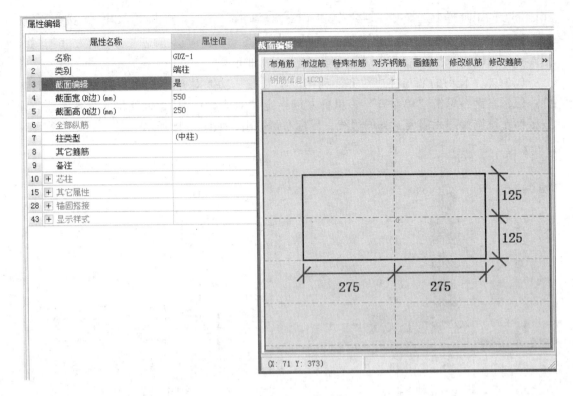

图 4-50　端柱属性编辑

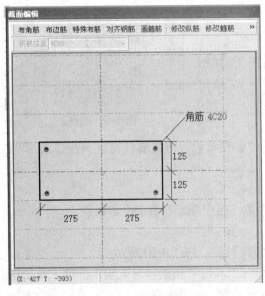

图 4-51　绘制角筋

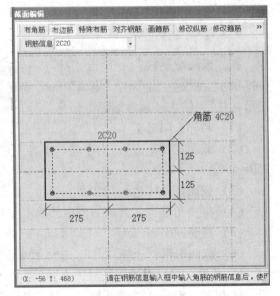

图 4-52　绘制边筋

3）H 边中一侧中部筋：鼠标左键工具栏"布边筋"按钮，工具栏"钢筋信息"输入框输入 H 边中部钢筋信息 1C20。图纸中只有左侧有 H 边中部筋，单击左侧角筋连接虚线布置。

4）拉筋：鼠标左键工具栏"画箍筋"按钮，工具栏"钢筋信息"输入框输入箍筋信息 B10@150。在"绘制箍筋"选择框中，选择"直线"，鼠标左键单击起点纵筋，然后单击下一点纵筋，鼠标右键确认，拉筋绘制完成，如图 4-53 所示。

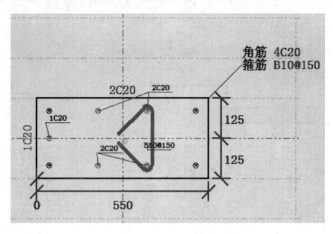

图 4-53　绘制拉筋

5）设置绘图插入点：在"截面编辑"截面上设置水平偏心参数和垂直偏心参数，如图 4-53 所示。

6）箍筋：端柱的外圈箍筋右侧箍到了柱子上，不方便绘制，可以用"其他箍筋"的方式表示。单击"其他箍筋"单元格后的"⋯"，进入"其他箍筋类型设置"页面。鼠标左键"新建"按钮→单击"箍筋图号"单元格，进入选择"钢筋图形"页面，如图 4-54 所示。

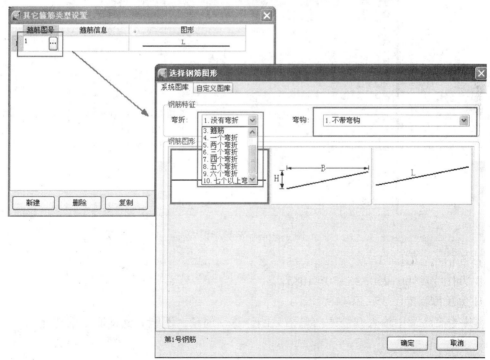

图 4-54　钢筋图形

"钢筋特征"下，打开"弯折"下拉框选择"3. 箍筋"，选出相符的箍筋形式，本例选择第二种形式，如图 4-55 所示。

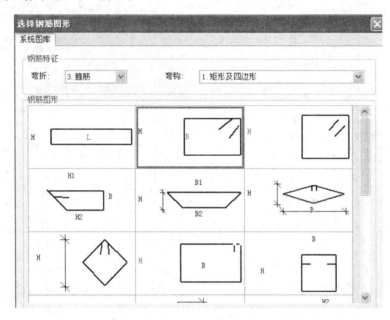

图 4-55　弯折、弯钩选择

点击"确定"按钮，设置箍筋信息。如图 4-56 所示。

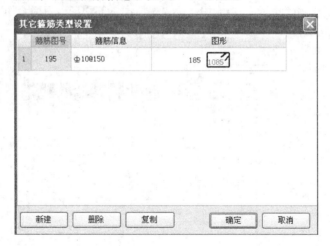

图 4-56　箍筋类型设置

箍筋信息：B10@ 150。

B 边长度：$900+250-35-30=1085$。

H 边长度：$250-35-30=185$。

"其他箍筋"中输入钢筋的信息，只能计算钢筋量，不能看到钢筋三维情况。

4.3.2.2　端柱的绘制

端柱信息输入完成后，鼠标左键"绘图"按钮，进入绘图界面。软件默认"点"画。

依照图纸将鼠标移到（1，A）轴柱边处，当捕捉到黄色"×"（软件自动捕捉到的交点）单击左键布置暗柱，如图4-57所示。依据图纸将所有的端柱布置好。

4.3.3 暗柱的绘制

4.3.3.1 暗柱的定义

在"模块导航栏"→单击"柱"→"暗柱"。鼠标左键单击"定义"→"新建"→"矩形暗柱"，输入"属性编辑"信息。

（1）名称：GAD-1。

（2）截面宽（B边）：250。

（3）截面高（H边）：400。

（4）箍筋：B8@150。

（5）肢数：2×3。

（6）截面编辑："是"，进入"截面编辑"。

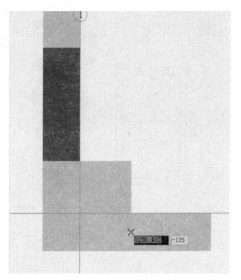

图4-57 布置暗柱

1）角筋：鼠标左键工具栏"布角筋"按钮，工具栏"钢筋信息"输入框输入角筋钢筋信息4C20。输入完成后，单击鼠标右键生成角筋。

2）B边中一侧中部筋：鼠标左键工具栏"布边筋"按钮，工具栏"钢筋信息"输入框输入B边中部钢筋信息1C20。输入完成后，鼠标左键单击B边上两根角筋的连接虚线，如图4-58所示。

3）H边中一侧中部筋：鼠标左键工具栏"布边筋"按钮，工具栏"钢筋信息"输入框输入H边中部钢筋信息3C20，然后单击角筋连接虚线布置。

4）箍筋/拉筋：鼠标左键工具栏"画箍筋"按钮，工具栏"钢筋信息"输入框输入箍筋信息B8@150。在"绘制箍筋"选择框中，选择"矩形"，鼠标左键单击左上角的角筋，然后单击对角点所在的纵筋，退出箍筋绘制；同理，选择"直线"按钮，分别单击要布置拉筋的两个点，鼠标右键确认。

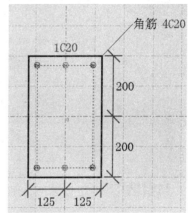

图4-58 布置边筋

5）设置绘图插入点：在"截面编辑"截面上设置水平偏心参数和垂直偏心参数，如图4-59所示。

4.3.3.2 暗柱的绘制

暗柱定义完成后，单击"绘图"按钮，切换到绘图界面，软件默认为"点"画，依照图纸将鼠标移到剪力墙的端部，点击黄色方框（软件自动捕捉到的端点）单击左键布置暗柱，如图4-60所示。

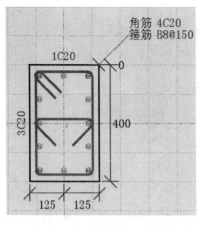

图 4-59　输入偏心值

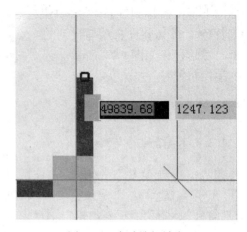

图 4-60　自动捕捉端点

布置好剪力墙、暗柱、端柱，如图 4-61 所示。

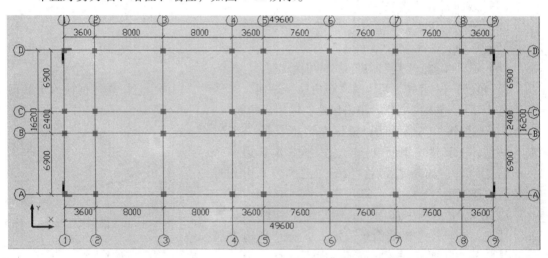

图 4-61　柱平面布置

知识链接

（1）自动捕捉：在绘图过程中为了提高绘图效率，方便捕捉定位构件图元的中点、端点、垂足、定点等位置，而进行的设置。

1）点击"工具"菜单栏→"自动捕捉设置"，在弹出的窗口中，勾选即可，如图 4-62 所示。

2）在绘图区域的"捕捉工具栏"可以快速设置需要捕捉的点，如图 4-63 所示。

3）在绘图工作区下方的"辅助功能设置工具栏"→"对象捕捉"→鼠标右键，也可快速设置需要捕捉的点，如图 4-64 所示。

（2）参数化柱（端柱、暗柱）：除了矩形柱、圆形柱以外，"十字形"、"一字形"、"L形"、"T形"、"Z形"、"端柱"，软件都有相应的参数内置，用户只需选择合适的形式，输入构件信息即可。

图 4-63　捕捉工具栏

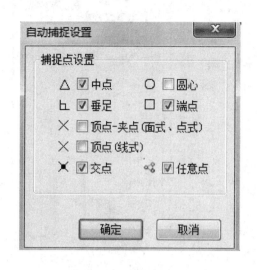

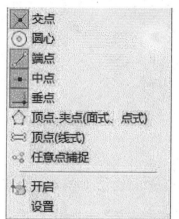

图 4-62　自动捕捉设置　　　　　　　　　图 4-64　捕捉设置

以图 4-65 所示的 GJZ1 为例，绘制参数化暗柱。

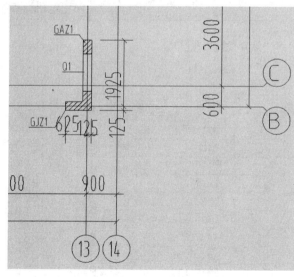

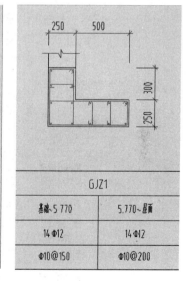

图 4-65　构造角柱

1）模块导航栏，"柱"→"暗柱"→"新建"→"参数化暗柱"，弹出"选择参数化图形"页面，选择"L 形"，"图形"→"L-a"，对照图纸中标注的截面尺寸在右侧的参数表中输入相应的 a、b、c、d 的长度，如图 4-66 所示。设置好单击"确定"按钮。

2）进入到"属性编辑"页面将信息填写完整，如图 4-67 所示。将"截面编辑"选择为"是"。"截面编辑"设置如图 4-68 所示，对照图纸进行钢筋的布置如图 4-69 所示。具体方法，参看端柱、暗柱的截面编辑。

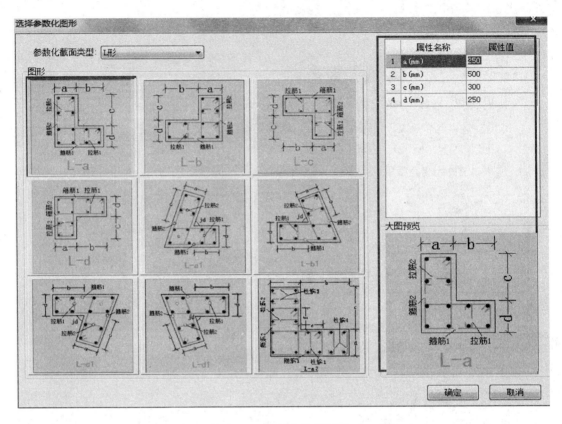

图 4-66　选择参数化图形

	属性名称	属性值	附加
1	名称	GJZ-1	
2	类别	暗柱	☐
3	截面编辑	否	
4	截面形状	L-a形	☐
5	截面宽(B边)(mm)	750	☐
6	截面高(H边)(mm)	550	☐
7	全部纵筋	14Φ12	☐
8	箍筋1	Φ10@150	☐
9	箍筋2	Φ10@150	☐
10	拉筋1	Φ10@150	☐
11	拉筋2	Φ10@150	☐
12	其它箍筋		☐
13	备注		☐
14	⊞ 其它属性		
26	⊞ 锚固搭接		

图 4-67　暗柱属性编辑

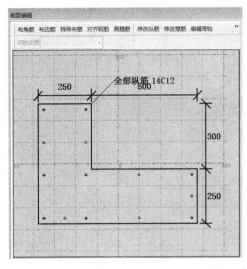

图 4-68　截面编辑

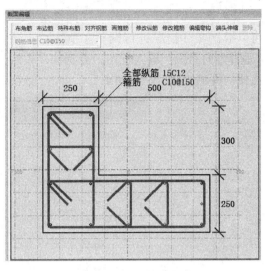

图 4-69　钢筋布置

3）进入"绘图"页面，由于该位置的端柱与定义的方向不一致，需要调整方向绘制。选择"点"画，单击 F3，调整柱端头的左右方向，使用"shift+F3"调整柱端头的上下方向。

（3）对于一些构件，软件中没有内置的参数可供选择时，用户可以画出构件的边线，填入所有纵筋的方式来完成，以图 4-70 所示的端柱为例。

通过"定义"→"新建异形端柱"，弹出"多边形编辑器"，如图 4-71 所示。

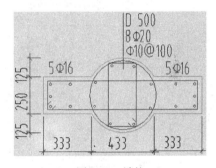

图 4-70　端柱

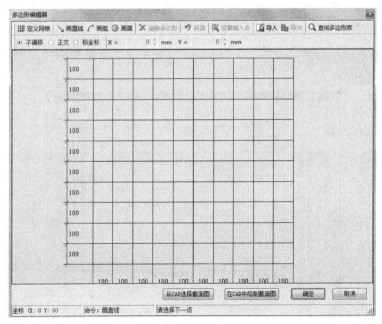

图 4-71　多边形编辑器

1）定义网格：软件默认的网格是 100 * 10 的，如果需要绘制的异形截面不合适，则可以根据实际情况进行调整。单击左上角"定义网格"按钮，在"水平方向间距"和"垂直方向间距"输入框中，分别输入数值，如图 4-72 所示。这里需要明确，网格间距要方便构件的绘制。输入间距后，点击"确定"按钮，如图 4-73 所示。

图 4-72　定义网格

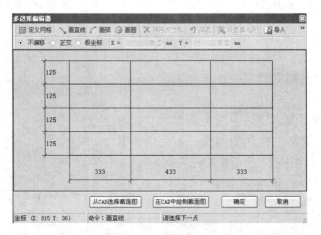

图 4-73　网格

2）绘制多边形。选择"直线"、"顺小弧"对照图纸将异形端柱绘制好，如图 4-74 所示，点击确定即可。

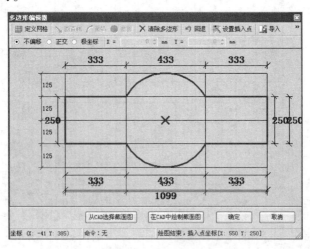

图 4-74　绘制的端柱

3）配筋。拉框选择所有纵筋，全部删除。选择布角筋，在"钢筋信息"输入框中输入角筋钢筋信息"1b16"，鼠标右键确认。在柱的角部布上⎌16的纵筋，如图4-75所示。

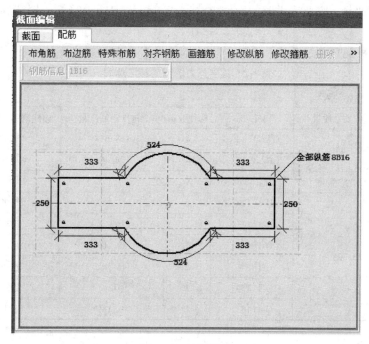

图 4-75　绘制纵筋

圆内的纵筋为⎌20的钢筋。选择"修改纵筋"，鼠标右键，在"钢筋信息"输入框中输入信息"4b20"，回车确定。依据图纸将边筋、箍筋布置好，如图4-76所示。

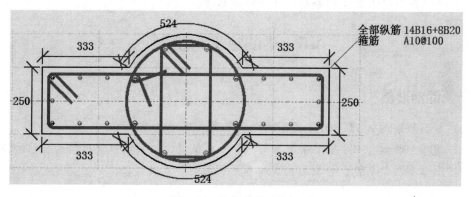

图 4-76　绘制箍筋及拉筋

小结

工程实战

（1）任务要求：按上述讲解的操作方法完成首层剪力墙、暗柱、端柱的定义及绘制，并汇总钢筋量。

（2）实战结果参考及分析：首层剪力墙钢筋量汇总表见表4-2。

表4-2　首层剪力墙钢筋量汇总表

楼层名称：首层（绘图输入）

构件类型	构件类型钢筋总质量/kg	构件名称	构件数量	单个构件钢筋质量/kg	构件钢筋总质量/kg	接头
暗柱/端柱	972.49	GAZ-1[160]	4	118.658	474.634	48
		GDZ-1[172]	4	124.464	497.856	36
构造柱	154.538	GZ-1[870]	9	17.171	154.538	
墙	553.325	Q-1[139]	2	43.147	86.294	
		Q-1[147]	1	102.2	102.2	
		Q-1[150]	1	88.169	88.169	
		Q-1[151]	2	43.147	86.294	
		Q-1[154]	1	102.2	102.2	
		Q-1[157]	1	88.169	88.169	

回顾与练习

（1）剪力墙构件计算钢筋工程时需要计算哪些构件？

（2）描述剪力墙部分绘制各种构件的常用顺序。

4.4　梁的定义与绘制

课前准备

（1）复习平法图集11G101-1梁制图规则第25~35页内容。

（2）观察分析结施-08底层梁配筋图，分析框架梁、次梁纵筋及箍筋的配筋构造。

（3）根据梁图集构造，分别列出梁中各种钢筋的计算公式。

4.4.1　框架梁的绘制

分析结施-08可知，图中的梁分为框架梁、非框架梁。

4.4.1.1　楼层框架梁的定义

以D轴上的KL-12为例，讲解楼层框架梁的定义和绘制。单击左侧"模块导航栏"→"梁"→"定义"→"新建矩形梁"。

（1）名称：KL-12。

（2）类别：梁类别下拉框，按实际情况选择，此处选择"楼层框架梁"，如图4-77所示。

图 4-77　梁属性编辑

（3）轴线距左边线的距离：软件默认（125），依据图纸，将（125）删除，输入"250"。

（4）截面尺寸：KL-12 截面尺寸为 300×650，截面宽度和截面高度分别输入"300"和"650"。

（5）跨数量：本梁 8 跨，输入"8"。

（6）箍筋：输入"B8@ 100/200（2）"。

（7）箍筋肢数：自动取箍筋信息中的肢数，箍筋信息中如果没有肢数"2"时，可以手动在此处输入"2"。

（8）上部通长筋：输入"2C25"。

（9）下部通长筋：KL-12 没有下部通长筋，此处不输入。

（10）侧面构造或受扭钢筋：照抄图纸中的侧面钢筋，输入"N4C12"。

（11）拉筋：按照"计算设置"中设定的钢筋信息自动生成。软件默认的是规范规定的拉筋信息，即"ha<= 350，拉筋信息为Φ6；ha>350，拉筋信息为Φ8"如果图纸中要求与图集不同，在"工程设置"→"计算设置"→"框架梁"→"34. 拉筋配置"进行设置；没有侧面钢筋时，软件不计算拉筋。

4.4.1.2　梁的绘制

通常在画梁时，按先上后下，先左后右的方向绘制，以保证所有的梁都能够计算。做工程时，用户可以将所有的梁都定义好，再绘制。这种方法，对于较复杂的工程来说，效率较低，因此，我们利用"反建构件"的方式绘制。

定义好 KL-12，进入"绘图"页面。梁是直线构件，因此软件默认的绘图方式为"直线"。单击（1，D）轴交点，将鼠标挪动到（9，D）轴交点处，单击鼠标左键，鼠标右键退出。

4.4.1.3 梁的原位标注

梁的绘制完毕后，对梁集中标注的信息进行输入，还要对原位标注的信息进行输入（没有进行原位标注的梁呈现粉色，软件是不能进行钢筋计算的）。在进行梁原位标注之前要把梁的所有支座（柱、墙、主梁）绘制好。

（1）可以通过输入原位标注来把梁的颜色变为绿色。软件中用粉色和绿色对梁进行区分，目的是提醒用户哪些梁已经进行了原位标注的输入，防止忘记输入原位标注，影响计算。

1）在"绘图工具栏"中选择"原位标注"，选择要输入原位标注的梁，鼠标左键KL-12，如图4-78所示。黄色的三角标注的是梁的支座。绘图区显示原位标注的输入框，下方显示平法表格。上部和下部钢筋信息的输入，有两种方式。

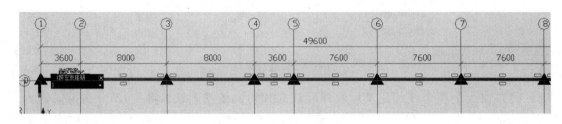

图 4-78 原位标注

可以在绘图区域显示的原位标注的输入框中对照图纸"抄图"输入，这样比较直观。"1跨左支座"输入"4C25"，单击"回车"键确定；跳到"1跨跨中钢筋"输入"3C25"，单击"回车"键确定；跳到"1跨右支座"，此处没有原位标注信息，不用输入，可以直接单击"回车"键跳到下一个输入框"下部钢筋"，输入"3C25"；单击"下部钢筋"输入框右上角的"⌄"，将箍筋、侧面钢筋信息填写如图4-79所示。输入后单击右上角的"⌃"，单击"回车"键跳到下跨，进行原位标注。输入完成后，鼠标右键退出"原位标注"。

1跨下部筋		⌃ ✕
下部筋	3 Φ 25	
箍筋	Φ 10@100/200	
肢数	2	
截面	300*650	
侧面原位筋	N6 Φ 12	
距左边线距离	250	▼

图 4-79 梁跨下部钢筋

说明：

原位标注在输入框中输入后单击"Enter"键跳转，软件默认的跳转顺序是：左支座筋、跨中钢筋、右支座筋、下部钢筋，下一跨的左支座筋、跨中钢筋、右支座筋、下部钢筋。如果想对任一个位置的原位标注进行输入，单击相应输入框输入即可。

KL-12第三跨下部钢筋和第二跨下部钢筋相同，用户可以将第二跨的下部钢筋信息复制过来。单击工具栏"梁跨数据复制"，如图4-80所示。依操作提示"鼠标左键"选择第二跨下部钢筋，此时被选中的输入框呈现红色，"右键确认"，如图4-81所示。依操作提示，"鼠标左键"选择第三跨下部钢筋，此时被选中的输入框呈现黄色，"右键确认"，完成操作。

图 4-80　梁跨数据复制

刚接触软件的用户，对于软件的操作并不熟悉，选择完操作命令后，可以查看状态栏上每一步的操作提示进行操作。

2）利用反建构件，绘制其他梁。

以 C 轴上的 KL-11 为例。之前已经定义并且绘制了一根梁 KL-12，我们可以跳过"定义"，在"绘图"界面，选中 D 轴上的 KL-12，鼠标左键选择复制功能（或者单击工具栏上的 复制 按钮），根据操作提示，左键指定基准点（1 轴、D 轴的交点）；根据操作提示，鼠标左键指定插入点（1 轴、C 轴的交点），鼠标右键退出。复制好的梁呈现绿色，如图 4-82 所示。

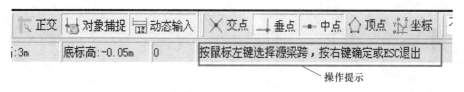

图 4-81　操作提示

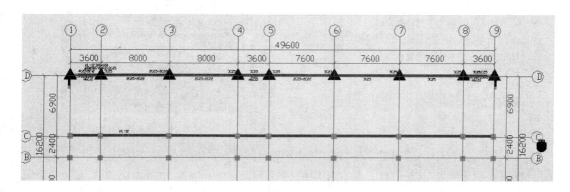

图 4-82　绘制好的梁

①单击工具栏上的"重提梁跨"按钮，选中 C 轴上的 KL-12 重提梁跨，如图 4-83 所示。

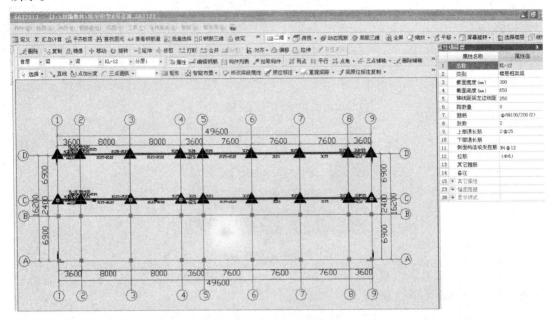

图 4-83　梁属性编辑

②选中 C 轴上 KL-12，鼠标右键打开"属性编辑器"，在"属性编辑器"中更改梁的信息，如图 4-84 所示。

③工具栏中单击"原位标注"→"梁平法表格"，如图 4-85 所示。

	属性名称	属性值	附加
1	名称	KL-11	
2	类别	楼层框架梁	☐
3	截面宽度 (mm)	250	☐
4	截面高度 (mm)	650	☐
5	轴线距梁左边线距	250	☐
6	跨数量	8	☐
7	箍筋	Φ8@100/200 (2	☐
8	肢数	2	☐
9	上部通长筋	2Φ22	☐
10	下部通长筋		☐
11	侧面构造或受扭筋	N6Φ12	☐
12	拉筋	(Φ6)	☐
13	其它箍筋		☐
14	备注		☐

图 4-84　属性编辑

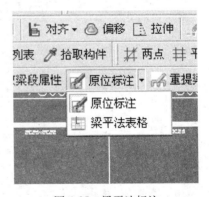

图 4-85　梁平法标注

④鼠标左键选中要编辑的 KL-11，在"平法表格"中相应位置直接输入钢筋信息即可，同时在梁上会把钢筋信息显示在相应的位置上，方便检查，如图 4-86 所示。

说明：

使用"平法表格"进行梁原位信息录入时，集中标注中的上部通长筋、下部通长筋、

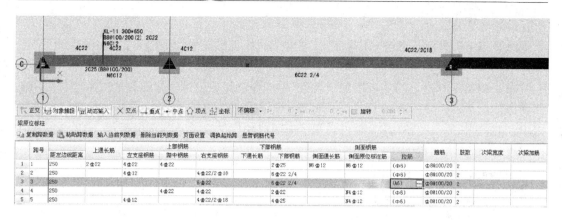

图 4-86 梁平法表格标注

侧面钢筋在"属性编辑器"中已经设置，这里不用做更改。用户只需在相应的表格中准确填写即可。输入时，注意不要串行。软件中的单元格都支持 EXCEL 中"填充柄"及单元格数据的复制、粘贴功能。

如果要布置吊筋，一定要在表格中输入梁的宽度，才能输入吊筋信息。

4.4.1.4 删除/添加支座

利用反建构件的方式，按照从上到下的顺序将 KL-9、KL-10、KL-11 布置好，再按照从左到右的方式布置 1 轴~9 轴的梁。1 轴上的 KL-1，布置好后如图 4-87 所示。

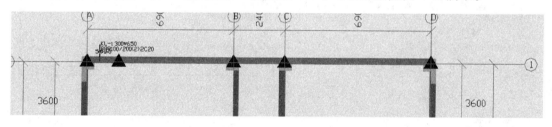

图 4-87 梁平法标注

图 4-87 中所示为 5 个支座，4 跨梁。而 KL-1 为 3 跨梁，需要将第二个支座删除。点击工具栏"重提梁跨"后的下拉框，选择"删除支座"，鼠标左键选中要删除的支座，如图 4-88 所示。鼠标右键确定删除。

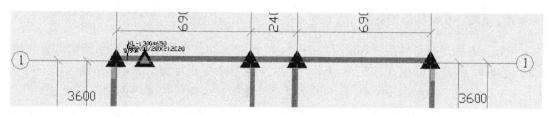

图 4-88 删除支座

4.4.1.5 应用同名称梁

图纸中 6 轴~8 轴中有多道同名称梁，这时可以使用"应用同名称梁"功能快速输入所有梁的钢筋信息。

（1）以 L-1 为例，点击"F3"键，弹出"选择批量选择构件图元"，如图 4-89 所示。选择"梁"→"L-1"→单击"确定"，图中所有的 L-1 被选中反蓝。

（2）单击工具栏上的"应用到同名梁"，选择已经原位标注好的 L-1，弹出"应用范围选择"对话框，如图 4-90 所示，根据工程的实际情况进行选择。本例中选择"同名称未识别的梁"，单击"确定"，软件会提示应用成功梁的个数。本例中提示，"2 道梁属性应用成功"，点击"确定"。

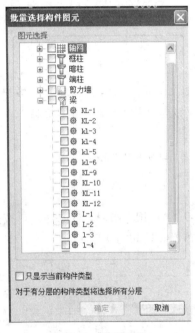

图 4-89　批量选择

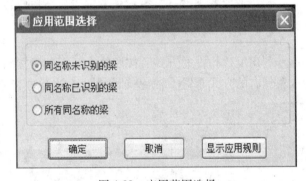

图 4-90　应用范围选择

说明：

（1）同名称未识别的梁：未识别的梁为浅红色，这些梁没有识别跨长和支座信息；

（2）同名称已识别的梁：已识别的梁为绿色，这些梁已经识别了跨长和支座信息，但是原位标注没有输入；

（3）所有同名称梁：不考虑梁是否已经识别。

4.4.2　吊筋、次梁加筋的绘制

结施-08 标注有梁的吊筋和次梁加筋。主次梁相交处，在主梁上次梁的两侧放置 3 组直径是 8mm 的箍筋；在 A 轴与 5、6 轴之间主梁上有 2 组直径为 18mm 的吊筋。

（1）主、次梁绘制完毕后，在梁的图层上，选择"绘图"菜单中的"自动生成吊筋"或在工具栏中点击"自动生成吊筋"按钮，弹出"自动生成吊筋"对话框，输入次梁加筋信息，如图 4-91 所示，点击确定即可。

说明：

（1）选择要生成吊筋或次梁加筋的位置，如"主梁与次梁相交，主梁上"或"同类型同截面次梁，均设置"。

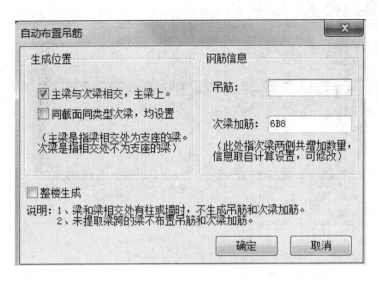

图 4-91 自动布置吊筋

（2）需要整楼生成时，在"整楼生成"前的方框中勾选，然后点击"确定"按钮，弹出楼层选择对话框，选择确定即可。

（3）在使用自动生成吊筋前，必须先提取梁跨。

（2）在图中选择要生成次梁加筋的梁，单击右键即可完成吊筋的生成。本工程主次梁相交位置都有次梁加筋，因此，拉框选择整个工程，鼠标右键确定即可。

首层只有 A 轴和 5、6 轴之间有吊筋，工具栏中点击"自动生成吊筋"按钮，输入吊筋信息"2C18"，单击确定切换到绘图界面，选择设置吊筋的两根梁，如图 4-92 所示，右键确认即可。软件在选择范围内相应的位置生成吊筋和次梁加筋，如图 4-93 所示。

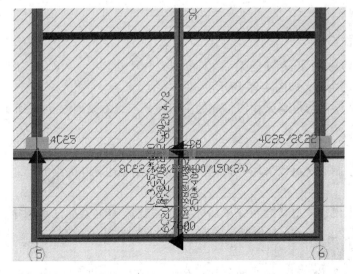

图 4-92 选择主次梁

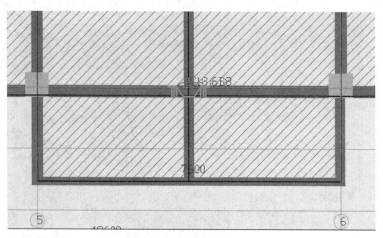

图 4-93　吊筋及次梁加筋

说明：

使用"自动生成吊筋"功能无法添加吊筋和次梁加筋时，可以使用工具栏→"原位标注"→"梁平法表格"，在吊筋所在跨输入钢筋信息，如图 4-94 所示。

梁原位标注

复制跨数据　粘贴跨数据　输入当前列数据　删除当前列数据　页面设置　调换起始跨　悬臂钢筋代号

	跨号	距左边线	上通长筋	上部钢筋			下部钢筋		侧面钢筋		拉	箍筋	次梁宽度	次梁加筋	吊筋
				左支座	跨中钢筋	右支座钢筋	下	下部	侧面通	侧面原					
1	1	250	2⊈25	4⊈25	3⊈25			3⊈25	N4⊈1	N6⊈12	(⊈	⊈8@100/15			
2	2	250		3⊈25		2⊈25+2⊈22		2⊈25			(⊈	⊈8@100/20	250	6⊈8	0
3	3	250				3⊈25		2⊈25			(⊈	⊈8@100/20	250	6⊈8	0
4	4	250		3⊈25				3⊈18			(⊈	⊈8@100/20			
5	5	250		4⊈25		4⊈25/2⊈22		8⊈22			(⊈	⊈8@100/15	250	6⊈8	2⊈18
6	6	250				3⊈25		2⊈25	N6⊈12		(⊈	⊈8@100/20	250	6⊈8	

图 4-94　平法表格输入吊筋信息

4.4.3　梯梁的绘制

（1）楼梯梯梁的定义与框架梁相同，以 2 号楼梯首层 TL-2 为例，梁顶标高为 1.94mm，设置属性值，如图 4-95 所示。

（2）梯梁的绘制与框架梁相同，此处不赘述，三维效果如图 4-96 所示。

知识链接

（1）梁的绘制顺序可以采用先横向再纵向、先框架梁再次梁的绘制顺序，以免出现遗漏。

（2）一般来说，一道梁绘制完毕后，如果其支座和次梁都已经确定，就可以直接进行原位标注的输入；如果有其他梁为支座，或者存在次梁的情况，需要先绘制相关的梁，再进行原位标注的输入。

（3）镜像。在当前楼层中，如果某个位置的所有图元和已经绘制的图元完全对称或者在绘制住宅楼时，左右两个单元或户型完全一致时，可以利用镜像功能完成绘制。

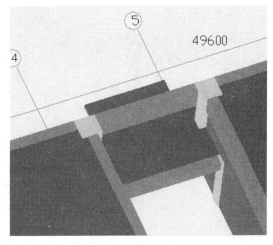

	属性名称	属性值	附加
1	名称	TL-2	
2	类别	楼层框架梁	☐
3	截面宽度(mm)	300	☐
4	截面高度(mm)	300	☐
5	轴线距梁左边线距离(mm)	(150)	☐
6	跨数量		
7	箍筋	Φ8@150 (2)	
8	肢数	2	
9	上部通长筋	2Φ18	☐
10	下部通长筋	3Φ18	☐
11	侧面构造或受扭筋(总配筋值)		☐
12	拉筋		☐
13	其它箍筋		
14	备注		☐
15	⊟ 其它属性		
16	汇总信息	梁	☐
17	保护层厚度(mm)	(25)	☐
18	计算设置	按默认计算设置计算	
19	节点设置	按默认节点设置计算	
20	搭接设置	按默认搭接设置计算	
21	起点顶标高(m)	1.94	☐
22	终点顶标高(m)	1.94	☐
23	⊞ 锚固搭接		

图 4-95　设置梁顶标高　　　　　　　　　　图 4-96　梯梁的三维效果

1）在菜单栏点击"修改"→"镜像"。

2）鼠标左键点选或拉框选择需要镜像的图元，右键确认选择，如图 4-97 所示。

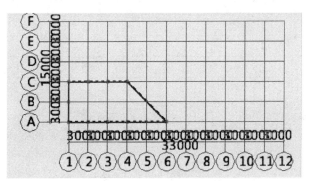

图 4-97　选择镜像图元

3）移动鼠标，按鼠标左键指定镜像线的第一点和第二点，如图 4-98 所示。

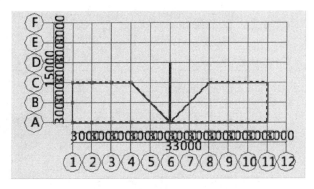

图 4-98　选择镜像线

4）点击确定镜像线第二个点后，软件会弹出"是否要删除原来的图元"确认提示框，根据工程实际需要选择"是"或"否"，则所选构件图元将会按该基准线镜像到目标位置，如图 4-99 所示。

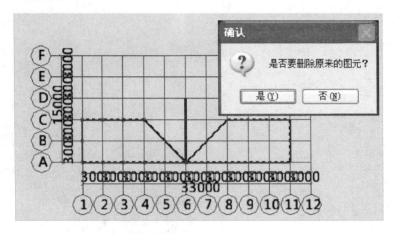

图 4-99　确认选项

小结

工程实战

（1）任务要求：按上述讲解的操作方法完成首层所有梁的定义及绘制，并汇总钢筋量。

（2）实战结果参考及分析：首层梁钢筋量汇总表见表 4-3。

表 4-3　首层梁钢筋量汇总表

楼层名称：首层（绘图输入）

构件类型	构件类型钢筋总质量/kg	构件名称	构件数量	单个构件钢筋质量/kg	构件钢筋总质量/kg	接头
梁	14081.246	KL-11[199]	1	1985.992	1985.992	8
		KL-10[208]	1	1949.859	1949.859	8
		KL-12[211]	1	1775.095	1775.095	8
		KL-9[217]	1	1945.85	1945.85	8
		KL-1[222]	1	452.728	452.728	2
		KL-2[224]	1	467.551	467.551	2
		L-1[232]	1	358.58	358.58	2
		kl-3[237]	2	450.864	901.727	4

续表 4-3

楼层名称：首层（绘图输入）

构件类型	构件类型钢筋总质量/kg	构件名称	构件数量	单个构件钢筋质量/kg	构件钢筋总质量/kg	接头
梁	14081.246	kl-4[245]	1	462.034	462.034	2
		kl-5[250]	1	519.059	519.059	2
		L-2[257]	1	287.159	287.159	2
		kl-6[264]	1	487.789	487.789	2
		l-4[270]	1	198.8	198.8	
		l-3[271]	1	233.625	233.625	2
		L-1[273]	1	380.899	380.899	2
		kl-7[283]	1	467.551	467.551	2
		kl-8[284]	1	456.579	456.579	2
		L-5[306]	1	50.515	50.515	
		L-1[2050]	1	386.724	386.724	1
		TL-2[4296]	1	54.711	54.711	
		TL-1[4298]	3	48.685	146.055	
		TL-2[4300]	2	56.181	112.362	

回顾与练习

（1）描述梁构件绘制的流程。

（2）完成首层梁的绘制。

4.5 板构件的定义与绘制

课前准备

（1）复习平法图集 11G101-1 板制图规则第 36~40 页内容。

（2）观察结施-09 底层板配筋图，分析按照名称可以分为多少种板？

（3）结施-09 中板的厚度有几种？

（4）观察结构设计总说明，分析板负筋长度从哪算起。

（5）观察结构设计总说明，找出板负筋分布筋信息。

（6）根据板图集构造，分别列出板中各种钢筋的计算公式。

4.5.1 现浇板的定义与绘制

以 C、D 轴之间的①板为例，介绍现浇板的定义。

4.5.1.1 现浇板的定义

在"模块导航栏"中→单击"板"→"现浇板"→单击"定义"→"新建"→

"现浇板"。

（1）名称：120。为了画图方便，将板名称用板厚命名，①板厚度为120mm。

（2）混凝土强度等级：默认"C30"，无须更改。

（3）厚度：120mm。

（4）层顶标高：板的顶标高，根据实际情况输入，此处默认为层顶标高。

（5）保护层厚度：默认为15mm。

（6）马凳筋参数图：单击属性值单元格后的"…"，根据实际情况选择相应的形式。

（7）拉筋：本工程不涉及拉筋。

输入完参数信息就完成了板的定义，如图4-100所示。按照同样的方法定义其他板。其中结施-17，1号楼梯的PTB1信息的输入，要注意板标高的问题，楼板顶标高为1.94mm，如图4-101所示。

属性编辑

	属性名称	属性值	附加
1	名称	120	
2	混凝土强度等级	(C30)	☐
3	厚度(mm)	(120)	☐
4	顶标高(m)	层顶标高	☐
5	保护层厚度(mm)	(15)	☐
6	马凳筋参数图		
7	马凳筋信息		☐
8	线形马凳筋方向	平行横向受力筋	☐
9	拉筋		☐
10	马凳筋数量计算方式	向上取整+1	☐
11	拉筋数量计算方式	向上取整+1	☐
12	归类名称	(120)	☐
13	汇总信息	现浇板	☐
14	备注		☐
15	⊞ 显示样式		

图4-100　板属性编辑

属性编辑

	属性名称	属性值	附加
1	名称	ptb1	
2	混凝土强度等级	(C30)	☐
3	厚度(mm)	100	☐
4	顶标高(m)	1.94	☐
5	保护层厚度(mm)	(15)	☐
6	马凳筋参数图		
7	马凳筋信息		☐
8	线形马凳筋方向	平行横向受力筋	☐
9	拉筋		☐
10	马凳筋数量计算方式	向上取整+1	☐
11	拉筋数量计算方式	向上取整+1	☐
12	归类名称	(ptb1)	☐
13	汇总信息	现浇板	☐
14	备注		☐
15	⊞ 显示样式		

图4-101　板顶标高

4.5.1.2　现浇板的绘制

板的绘制方法，如图4-102所示。

☒ 点　↘ 直线　⼁ 三点画弧 ▾　　　　▾ ▢ 矩形　⌗ 智能布置 ▾　　▦ 自动生成板

图4-102　绘图工具栏

A   "点"画法

利用"点"画法画板时，一定要在封闭区域内布置，即要将板的支座墙或梁布置好，并且支座要形成封闭区域。单击" ⊠点 "按钮，鼠标左键要布置板的封闭区域，完成现浇板的布置。

B   "矩形"画法

如果图中没有围成封闭区域的位置，可以用"矩形"画法绘制。单击" ▭矩形 "按钮，选择板的一个顶点，再选择对角的一个顶点，如图 4-103 所示。

C   "直线"画法

对于不规则异性板，可以用"直线"绘制。选择" ↘直线 "按钮，鼠标左键指定第一个端点，按鼠标左键依次单击下一个端点，最后单击第一个端点-起点，板绘制成功，如图 4-104 所示。

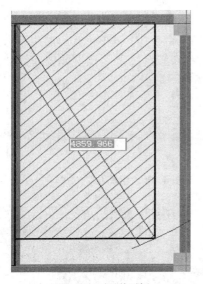

图 4-103　矩形画板

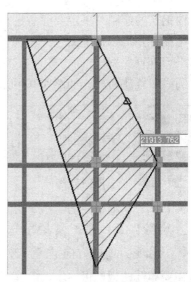

图 4-104　直线画板

D   自动生成板

当图纸中有较多相同板，并且板的支座墙或者梁已经绘制完成，使用"自动生成板"功能，软件会自动根据梁和墙围成的封闭区域在整层生成板。本工程中厚度为 120mm 的板较多，单击"自动生成板"，首层所有的封闭区域均生成 120mm 厚的板。对照图纸，将与图纸中板信息不符的修改过来，对于图中没有板的地方进行删除。

4.5.2 板受力筋的定义与绘制

以 C、D 轴之间的①板 x 方向受力钢筋为例，进行水平受力钢筋的定义。

4.5.2.1 板受力钢筋的定义

在"模块导航栏"中→单击"板"→"板受力筋"→单击"定义"→"新建"→"板受力筋"。

（1）名称：为了在绘图过程中查找方便，以钢筋信息来命名。x 方向钢筋信息为Φ8@150，以"815"命名。

（2）钢筋信息："b8@150"。

（3）类别："底筋"。根据实际情况选择底筋、面筋、中间层筋、或者温度筋。

（4）左弯折（mm）：默认为（0），表示长度会根据计算设置的内容进行计算，也可以输入具体的数值。本例无需更改。

（5）右弯折（mm）：默认为（0），表示长度会根据计算设置的内容进行计算，也可以输入具体的数值。本例无需更改。

（6）钢筋锚固、搭接：软件自动读取楼层设置中搭接设置的具体数值，当前构件如果有特殊要求，则可以根据具体情况修改。本例无需更改。

4.5.2.2 受力筋的绘制

板内钢筋的绘制，一定要注意选择正确的钢筋布置范围和布置方式。受力筋布置的范围有：单板、多板、自定义范围和选择受力筋范围，如图 4-105 所示；受力筋布置的方式有：水平、垂直、XY 方向、平行边布置受力筋、两点布置受力筋、按照弧线布置放射筋和按照圆心布置放射筋，如图 4-106 所示。

图 4-105 选择布筋范围   图 4-106 钢筋布置方式

（1）以 C、D 轴之间的①板 x 方向受力钢筋为例。进入绘图界面，在工具栏中选择板的范围"□单板"和受力筋的方向"□水平"，按鼠标左键选择需要布筋的板即可。

可以用反建构件，修改属性值的方式布置①板 y 方向受力钢筋。选择板的范围"□单板"和受力筋的方向"□垂直"，鼠标左键选择需要布筋的板。选中竖向受力钢筋，鼠标右键打开构件"属性编辑器"进行属性值的修改，如图 4-107 所示。

说明：

板底筋 x、y 方向相同，选择单板，单击"XY方向"，单击②板，弹出"智能布置"选择框。

	属性编辑器	▯ ×
	属性名称	属性值
1	名称	818
2	钢筋信息	Φ8@180
3	类别	底筋
4	左弯折(mm)	(0)
5	右弯折(mm)	(0)
6	钢筋锚固	(29)
7	钢筋搭接	(41)
8	归类名称	120[519]
9	汇总信息	板受力筋
10	计算设置	按默认计算设置计算
11	节点设置	按默认节点设置计算
12	搭接设置	按默认搭接设置计算
13	长度调整(mm)	0
14	备注	
15	⊞ 显示样式	

图 4-107 板属性编辑

1）双向布置：在板的两个方向均布置钢筋，并且钢筋信息是一样的，如图 4-108 所示；

2）双网双向布置：在板中布置双层（底筋和面筋）双向（两个方向）钢筋，钢筋信息相同，如图 4-109 所示；

3）XY 向布置：在板中布置两个方向的底筋和面筋，如图 4-110 所示。

图 4-108 双向布置

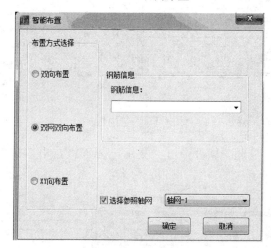

图 4-109 双网双向布置

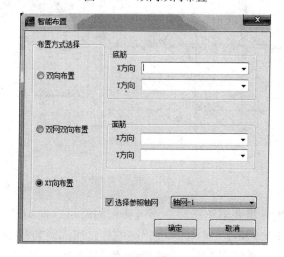

图 4-110 XY 向布置

（2）应用同名称板。在实际工程中，经常遇到同名称的板钢筋信息相同的情况。如果逐个布置同名称板的钢筋，比较烦琐且重复同样的工作。"应用同名称"板就是在这种情况下，快速布置同名称板的钢筋。

1）工具栏中点击"应用同名称板"，在绘图区域选择板图元，选中的图元与其他图元颜色不同，如图 4-111 所示。

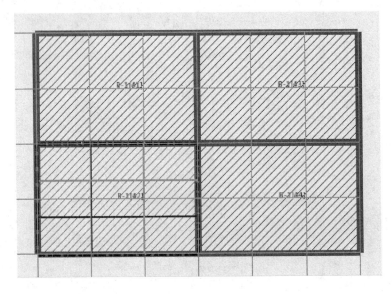

图 4-111 选中板

2）点击右键，结束复制，软件弹出"提示"界面，点击"确定"按钮，完成操作，如图 4-112 所示。

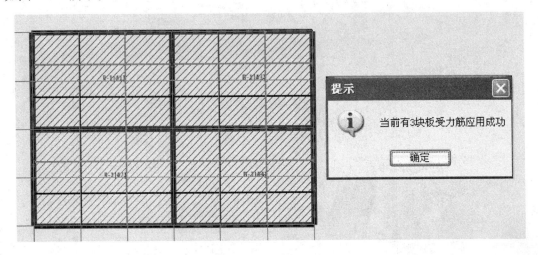

图 4-112 应用同名称板

（3）自动配筋。对于板底部钢筋和顶部钢筋相同时可以使用"自动配筋"功能进行受力筋的布置，如图 4-113 所示。对于厚度相同的板，底部钢筋和顶部钢筋都相同时，可以切换到"同一板厚的配筋相同"页面进行钢筋信息的设置，如图 4-114 所示。

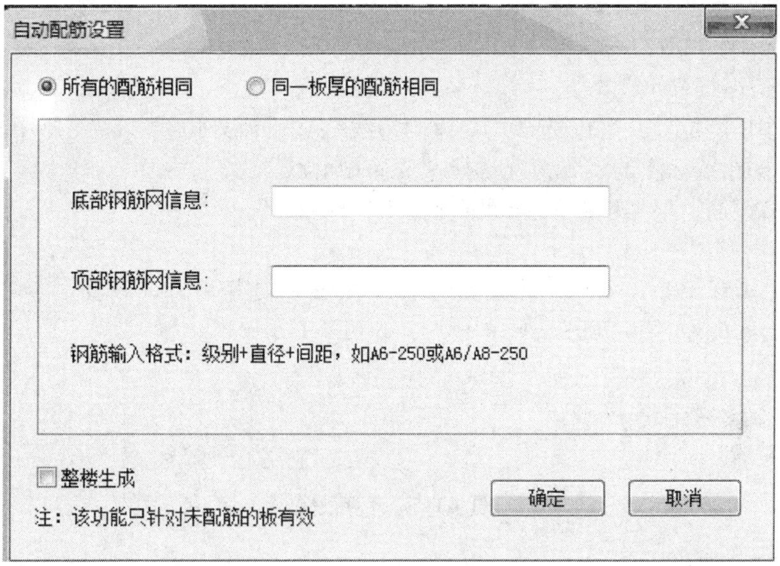

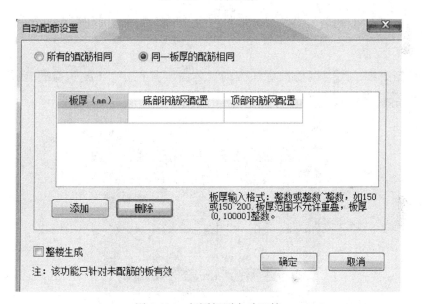

图 4-113 自动配筋

图 4-114 相同板厚自动配筋

4.5.3 跨板受力筋的定义与绘制

以 B、C 轴之间的⑨板为例，介绍跨板受力筋的绘制。

4.5.3.1 跨板受力筋的定义

在"模块导航栏"中→单击"板"→"板受力筋"→单击"定义"→"新建"→"跨板受力筋"。

（1）名称：为了与受力筋名称区分，以 K 开头表示，"K815"。

（2）钢筋信息："b8-150"。

（3）左标注："0"。

（4）右标注："1050"。

（5）标注长度位置：可以选择"支座内边线"、"支座外边线"、"支座中心线"、"支座轴线"。根据图纸标注的实际情况选择"支座中心线"。

（6）分布钢筋：根据图纸的实际情况输入"b6-200"。

说明：

切换到"工程设置"->"计算设置"。在工作区中选择"计算设置"和"板"标签。将第 3 项属性值改为"b6-200"，回车确定，如图 4-115 所示。

1	公共设置项	
2	起始受力钢筋、负筋距支座边距离	s/2
3	分布钢筋配置	Φ6@200

图 4-115　计算设置

4.5.3.2　跨板受力筋的绘制

（1）单击"▢ 单板"、"▢ 垂直"按钮，选择板的范围和钢筋的方向，单击板块布置即可。

（2）依据图纸，改变钢筋的标注方向。单击工具栏中"🛋 交换左右标注"按钮，鼠标左键钢筋线，改变两端标注方向如图 4-116 所示。

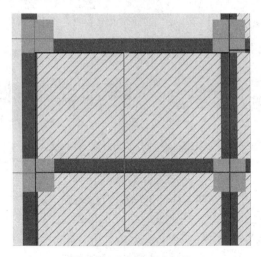

图 4-116　交换左右标注

（3）点击钢筋线，更改钢筋的伸出长度即可。

4.5.4　负筋的定义与绘制

4.5.4.1　负筋的定义

以 C、D 轴之间的①板板块左边的负筋为例。

在"模块导航栏"中→单击"板"→"板负筋"→单击"定义"→"新建"→"板负筋"。

（1）名称："820"。

（2）钢筋信息："b8@200"。

（3）左标注："0"。

（4）右标注："1260"。

（5）马凳筋排数：设置负筋、分布筋下马凳筋的排数，可以为0。双边标注负筋两边的马凳筋排数不一致时，用"/"隔开。

（6）单边标注位置：软件默认为"支座中心线"，本工程边支座负筋长度从支座外边线算起，打开下拉框，选择"支座外边线"。

说明：

可以在"工程设置"中改变默认值。切换到"工程设置"→"计算设置"。在工作区中选择"计算设置"和"板"标签，如图4-117所示。

计算设置	节点设置	箍筋设置	搭接设置	箍筋公式							
柱/墙柱	剪力墙	框架梁	非框架梁	板	空心楼盖	基础	基础主梁/承台梁	基础次梁	砌体结构	其它	

	类型名称	设置值
1	□ 公共设置项	
2	起始受力钢筋、负筋距支座边距离	s/2
3	分布钢筋配置	Φ6@250
4	分布钢筋长度计算	和负筋(跨板受力筋)搭接计算
5	分布筋与负筋(跨板受力筋)的搭接长度	150
6	温度筋与负筋(跨板受力筋)的搭接长度	11
7	分布钢筋根数计算方式	向下取整+1
8	负筋(跨板受力筋)分布筋、温度筋是否带弯勾	否
9	负筋/跨板受力筋在板内的弯折长度	板厚-2*保护层
10	纵筋搭接接头错开百分率	50%
11	温度筋起步距离	s
12	□ 受力筋	
13	板底钢筋伸入支座的长度	max(ha/2,5*d)
14	板受力筋/板带钢筋按平均长度计算	否
15	面筋(单标注跨板受力筋)伸入支座的锚固长度	能直锚就直锚,否则按公式计算:ha-bhc+15*d
16	受力筋根数计算方式	向上取整+1
17	受力筋遇洞口或端部无支座时的弯折长度	板厚-2*保护层
18	柱上板带/板带暗梁下部受力筋伸入支座的长度	la
19	柱上板带/板带暗梁上部受力筋伸入支座的长度	0.6*Lab+15*d
20	跨中板带下部受力筋伸入支座的长度	max(ha/2,12*d)
21	跨中板带上部受力筋伸入支座的长度	0.6*Lab+15*d
22	柱上板带受力筋根数计算方式	向上取整+1
23	跨中板带受力筋根数计算方式	向上取整+1
24	柱上板带/板带暗梁的箍筋起始位置	距柱边50mm
25	柱上板带/板带暗梁的箍筋加密长度	3*h
26	跨板受力筋标注长度位置	支座中心线
27	柱上板带暗梁部位是否扣除平行板带筋	是
28	□ 负筋	
29	单标注负筋锚入支座的长度	能直锚就直锚,否则按公式计算:ha-bhc+15*d

图4-117 更改默认值

说明：

如图4-118所示，点击31项属性值后的单元格，选择"支座外边线"，改变后的内容呈现黄色。这样，软件默认为单边标注长度从支座外边线算起。

30	板中间支座负筋标注是否含支座	是
31	单边标注支座负筋标注长度位置	支座外边线
32	负筋根数计算方式	向上取整+1

图4-118 单边标注支座负筋长度

（7）左弯折（mm）：默认为（0），表示长度会根据计算设置的内容进行计算，也可以输入具体的数值。此项可不做更改。

（8）右弯折（mm）：默认为（0），表示长度会根据计算设置的内容进行计算，也可以输入具体的数值。此项可不做更改。

（9）分布钢筋：默认设置"b6-200"。

4.5.4.2 负筋的绘制

切换到绘图页面，负筋的绘制方式有四种，如图4-119所示。在绘图过程中根据负筋的布筋范围选择合适的布筋方式。

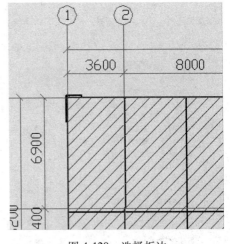

图4-119　负筋布置方式

A　边支座负筋的绘制

（1）鼠标左键选择"**按板边布置**"按钮，移动鼠标捕捉到蓝色的板边后单击鼠标左键，选中要布置负筋的板，如图4-120所示。

（2）单击鼠标左键选择左方向。本例中定义"左标注长度为0"、"右标注长度为1260"。因此，设置2轴左侧为左方向，2轴右侧即为右方向。

B　中间支座负筋的绘制

负筋的绘制可以通过反建构件，提高绘图的效率。以①、②板之间的支座负筋为例，利用已建的"820"负筋，按照板边布置好负筋，如图4-121所示。

图4-120　选择板边

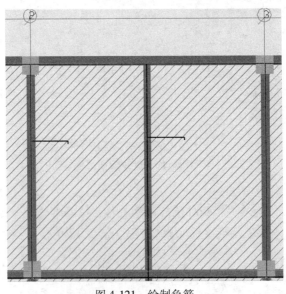

图4-121　绘制负筋

选中负筋，鼠标右键，选择"构件属性编辑器"，修改属性值如图 4-122 所示。左弯折、右弯折的数值为默认值，弯折长度=板厚度-2×保护层厚度。

	属性名称	属性值
1	名称	1215
2	钢筋信息	Φ12@150
3	左标注 (mm)	1130
4	右标注 (mm)	1130
5	马凳筋排数	1/1
6	非单边标注含支座	(是)
7	左弯折 (mm)	(90)
8	右弯折 (mm)	(90)
9	分布钢筋	(Φ6@200)
10	钢筋锚固	(29)
11	钢筋搭接	(41)
12	归类名称	(1215)
13	计算设置	按默认计算设置计算
14	节点设置	按默认节点设置计算
15	搭接设置	按默认搭接设置计算
16	汇总信息	板负筋
17	备注	
18	⊞ 显示样式	

图 4-122 属性编辑

C 交换左右标注

建立板负筋的时候，左右标注和图纸标注正好相反，可以使用"交换左右标注"功能进行调整。

4.5.5 平台板钢筋的定义与绘制

（1）楼梯休息平台的定义与现浇板相同，以 2 号楼梯 PTB1 为例，其顶标高为 1.94mm，设置属性值，如图 4-123 所示。

	属性名称	属性值	附加
1	名称	ptb1	
2	混凝土强度等级	(C30)	☐
3	厚度 (mm)	100	
4	顶标高 (m)	1.94	
5	保护层厚度 (mm)	(15)	☐
6	马凳筋参数图		
7	马凳筋信息		☐
8	线形马凳筋方向	平行横向受力筋	☐
9	拉筋		☐
10	马凳筋数量计算方式	向上取整+1	
11	拉筋数量计算方式	向上取整+1	
12	归类名称	(ptb1)	☐
13	汇总信息	现浇板	☐
14	备注		☐
15	⊞ 显示样式		

图 4-123 休息平台板顶标高

（2）利用"矩形"画法并且进行构件偏移的方式绘制休息平台板，如图4-124所示。

（3）休息平台板钢筋的绘制前面已经结束，此处不赘述。

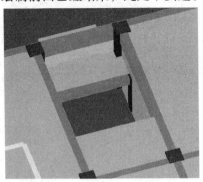

图4-124　休息平台三维效果

小结

工程实战

（1）任务要求：按上述讲解的操作方法完成现浇板、板受力筋、负筋的定义及绘制，并汇总钢筋量。

（2）实战结果参考及分析：首层板结构钢筋量汇总见表4-4。

表4-4　首层板钢筋量汇总

楼层名称：首层（绘图输入）

构件类型	构件类型钢筋总质量/kg	构件名称	构件数量	单个构件钢筋质量/kg	构件钢筋总质量/kg	接头
现浇板	6505.898	120［519］	1	131.782	131.782	
		100［535］	1	199.27	199.27	
		120［516］	1	120.722	120.722	
		120［507］	1	120.722	120.722	
		120［508］	1	131.782	131.782	
		120［504］	1	189.611	189.611	
		120［505］	1	97.14	97.14	
		120［495］	1	114.827	114.827	
		120［491］	1	114.827	114.827	
		120［492］	1	114.827	114.827	
		120［487］	1	125.334	125.334	

楼层名称：首层（绘图输入）

构件类型	构件类型钢筋总质量/kg	构件名称	构件数量	单个构件钢筋质量/kg	构件钢筋总质量/kg	接头
现浇板	6505.898	100〔597〕	1	73.55	73.55	
		100〔533〕	1	63.213	63.213	
		100〔650〕	1	203.489	203.489	
		100〔529〕	1	77.098	77.098	
		100〔649〕	1	77.343	77.343	
		100〔647〕	1	77.145	77.145	
		100〔648〕	1	77.243	77.243	
		100〔663〕	1	73.615	73.615	
		120〔471〕	1	110.472	110.472	
		120〔521〕	1	120.722	120.722	
		120〔518〕	1	120.722	120.722	
		120〔511〕	1	120.722	120.722	
		120〔512〕	1	120.722	120.722	
		120〔515〕	1	108.931	108.931	
		120〔502〕	1	114.827	114.827	
		120〔503〕	1	114.827	114.827	
		120〔501〕	1	114.827	114.827	
		120〔500〕	1	114.827	114.827	
		120〔499〕	1	114.827	114.827	
		120〔498〕	1	114.827	114.827	
		120〔474〕	1	110.472	110.472	
		100〔541〕	1	30.652	30.652	
		100〔542〕	1	30.553	30.553	
		100〔534〕	1	166.078	166.078	
		100〔4281〕	1	81.749	81.749	
		100〔4286〕	1	55.098	55.098	
		100〔4287〕	1	56.976	56.976	
		ptb-2〔4329〕	1	88.606	88.606	
		ptb-2〔4331〕	1	85.518	85.518	
		ptb-2〔4330〕	1	88.606	88.606	
		100〔4279〕	1	24.773	24.773	
		100〔4278〕	1	24.493	24.493	
		1215	1	226.3	226.3	
		820	1	452.717	452.717	

楼层名称：首层（绘图输入）

构件类型	构件类型钢筋总质量/kg	构件名称	构件数量	单个构件钢筋质量/kg	构件钢筋总质量/kg	接头
现浇板	6505.898	12125	1	120.568	120.568	
		1020	1	578.569	578.569	
		1220	1	86.468	86.468	
		810	1	561.136	561.136	
		818	1	61.778	61.778	

回顾与练习

请描述板钢筋在软件中计算的步骤。

4.6　砌体结构钢筋工程量计算

课前准备

（1）观察结施-01、结施-02和建施-01，分析砌体填充墙和砌体加筋的配置。
（2）分析过梁、构造柱的位置及配筋要求。

4.6.1　砌体墙定义与绘制

本工程是外墙为300mm厚、内墙为200mm厚的陶粒混凝土砌块墙。点击左侧"模块导航栏"→"墙"→"砌体墙"，单击"定义"→"新建砌体墙"，输入"属性编辑"信息。图纸中没有给出"砌体通长筋"和"横向短筋"的信息，软件中不用填写，如图4-125所示。同理，建立内墙。

	属性名称	属性值	附加
1	名称	外墙	☐
2	厚度(mm)	300	☐
3	轴线距左墙皮距离(mm)	(150)	☐
4	砌体通长筋		☐
5	横向短筋		☐
6	砌体墙类型	框架间填充墙	☐
7	备注		☐
8	⊞ 其它属性		
17	⊞ 显示样式		

图4-125　墙属性编辑

砌体墙的绘制和剪力墙的绘制方法一致，这里不再赘述。

4.6.2 构造柱的定义与绘制

分析图纸结施-01 结构设计总说明 4.3.2："墙长超过 8m 或层高 2 倍时，宜设置钢筋混凝土构造柱。"

点击"模块导航栏"→"柱"→"构造柱"，单击"定义"→"新建矩形构造柱"，输入"属性编辑"信息，如图 4-126 所示。

	属性名称	属性值	附加
1	名称	GZ-1	
2	类别	构造柱	☐
3	截面编辑	否	
4	截面宽 (B边) (mm)	200	☐
5	截面高 (H边) (mm)	200	☐
6	全部纵筋	4Φ12	☐
7	角筋		
8	B边一侧中部筋		
9	H边一侧中部筋		
10	箍筋	Φ6@200	☐
11	肢数	2*2	
12	其它箍筋		
13	备注		☐
14	⊞ 其它属性		
26	⊞ 锚固搭接		
41	⊞ 显示样式		

图 4-126 构造柱属性编辑

构造柱的绘制与框架柱的绘制方法一样，这里不再赘述。

4.6.3 砌体加筋的定义与绘制

4.6.3.1 砌体加筋的定义

单击左侧"模块导航栏"→"墙"→"砌体加筋"，单击"定义"→"新建砌体加筋"，弹出"选择参数化图形"。根据实际选择参数化截面类型。以"L 形"为例，选择"L-5 形"植筋形式，根据图纸填写各项参数，如图 4-127 所示。

点击"确定"，打开"属性编辑器"，根据工程要求填写信息，如图 4-128 所示。

4.6.3.2 砌体加筋的绘制

（1）单击"绘图"按钮，进入绘图页面，软件默认"点"画法。在（1、D）轴交点处单击鼠标左键，布置砌体加筋。选中"砌体加筋单对齐"确定正确位置，如图 4-129 所示。

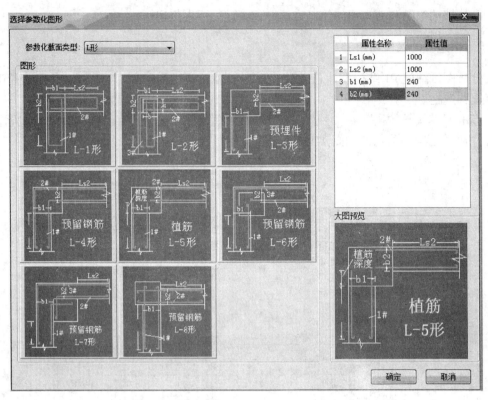

图 4-127   选择参数化图形

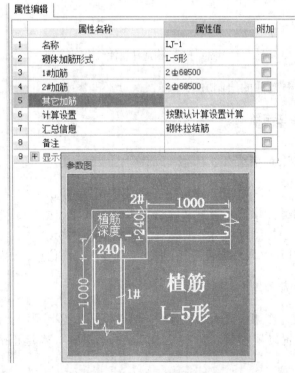

图 4-128   植筋属性编辑

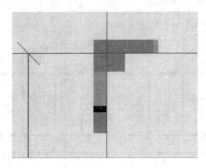

图 4-129　单对齐

（2）使用"自动生成砌体加筋"，快速生成砌体加筋。单击工具栏中"自动生成砌体加筋"按钮，弹出"参数设置"框，对不同形状的砌体加筋进行钢筋的设置，如图 4-130 所示。

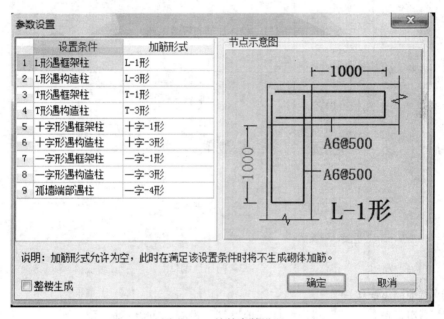

图 4-130　植筋参数设置

点击"确定"按钮。拉框选择布置砌体加筋的范围，鼠标右键确认，在符合条件的地方布置上砌体加筋，如图 4-131 所示。

4.6.4　门窗的定义与绘制

4.6.4.1　门的定义

以门 M1526 为例，鼠标左键单击"模块导航栏"→"门窗洞口"→"门"，单击"定义"→"新建矩形门"，进入属性编辑页面，如图 4-132 所示。

（1）名称："M-1526"。

（2）洞口宽度：1500mm。

（3）洞口高度：2600mm。

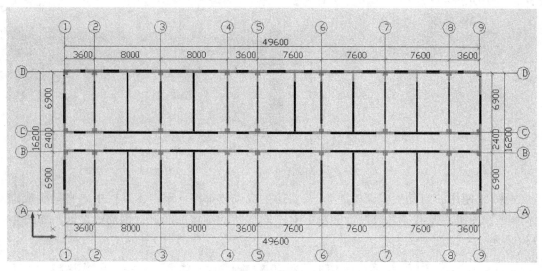

图 4-131　砌体加筋布置效果图

	属性编辑		
	属性名称	属性值	附加
1	名称	M-1526	☐
2	洞口宽度(mm)	1500	☐
3	洞口高度(mm)	2600	☐
4	离地高度(mm)	0	☐
5	洞口每侧加强筋		☐
6	斜加筋		☐
7	其它钢筋		
8	汇总信息	洞口加强筋	☐
9	备注		☐
10	⊞ 显示样式		

图 4-132　门属性编辑

（4）离地高度：0。

（5）洞口每侧加强筋、斜加筋、其他钢筋：没有，可以不填写。

4.6.4.2　门的绘制

点击"绘图"按钮，进入绘图页面。选择"　📄 精确布置"，按鼠标左键选择 A 轴上的外墙，鼠标左键单击 A 轴和 5 轴的交点，弹出"输入偏移值"，并且显示箭头方向为正方向，依据图纸，M-1526 距 5 轴 1550，偏移值输入"-1550"，如图 4-133 所示，点击确定即可。

窗的定义及绘制与门的定义及绘制相似，这里不赘述。

4.6.5　过梁的定义与绘制

根据结构设计总说明 5.4.4，本工程规定墙砌体上门窗洞口应设置钢筋混凝土过梁；当洞口上方有承重梁通过，且该梁底标高与门窗洞顶距离过近放不下过梁时，可直接在梁下挂板。不同的洞口宽度，对应不同形式的过梁。

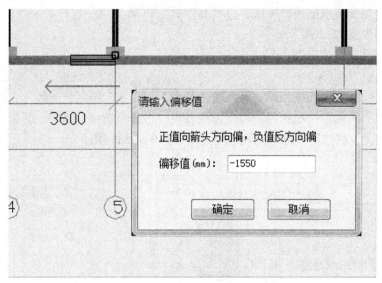

图 4-133 门的精确布置

4.6.5.1 过梁的定义

以 C 轴上 1、2 轴之间的 FM 乙 1821 为例添加过梁。进入"门窗洞"→"过梁"，新建一道矩形过梁，输入"属性编辑"信息，如图 4-134 所示。

	属性名称	属性值	附加
1	名称	1500<GL-1<=1800	
2	截面宽度 (mm)		☐
3	截面高度 (mm)	150	☐
4	全部纵筋		☐
5	上部纵筋	2Φ8	☐
6	下部纵筋	2Φ10	☐
7	箍筋	Φ6@150	☐
8	肢数	2	☐
9	备注		☐
10	⊟ 其它属性		
11	─ 其它箍筋		
12	─ 侧面纵筋 (总配筋值)		☐
13	─ 拉筋		☐
14	─ 汇总信息	过梁	☐
15	─ 保护层厚度 (mm)	(25)	☐
16	─ 起点伸入墙内长度 (mm)	240	☐
17	─ 终点伸入墙内长度 (mm)	240	☐
18	─ 位置	洞口上方	
19	─ 计算设置	按默认计算设置计算	
20	─ 搭接设置	按默认搭接设置计算	
21	─ 顶标高 (m)	洞口顶标高加过梁高度	☐
22	⊞ 锚固搭接		
37	⊞ 显示样式		

图 4-134 过梁的属性编辑

（1）截面宽度：绘制到墙上后，自动取墙厚。

（2）截面高度：根据设计图纸，过梁高度取 150mm。

（3）上部纵筋："2b8"。

（4）下部纵筋："2b10"。

（5）箍筋："b6-150"。

（6）起点深入墙内长度和终点深入墙内长度：根据实际图纸情况输入，240mm。

（7）位置：按实际情况选择洞口上方或者洞口下方，选择"洞口上方"。

依据图纸，分别布置五种不同规格的过梁，如图 4-135 所示。

图 4-135　过梁

4.6.5.2　过梁的绘制

过梁定义完毕后，回到绘图界面，绘制过梁。过梁的布置可以采用"点"画法，或者在门窗洞口"智能布置"。

（1）点：选择"点"，鼠标左键单击要布置过梁的门窗洞口，即可布置上过梁，如图 4-136 所示。

（2）智能布置：在工具栏上切换构件列表，选择"GL-1<=1000"，如图 4-137 所示。

单击工具栏上的"　智能布置▾"按钮，选择"按门窗洞口宽度布置"，如图 4-138 所示。

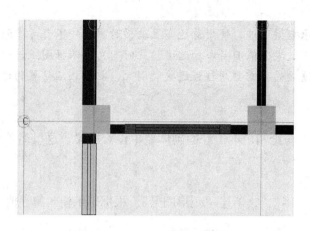

图 4-136　布置过梁

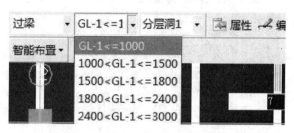

图 4-137　切换过梁构件

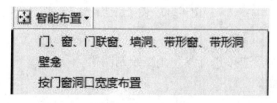

图 4-138　智能布置

弹出"按洞口宽度布置过梁"对话框，输入布置条件，如图 4-139 所示。单击确定，即在符合条件的洞口上方布置所选的过梁。

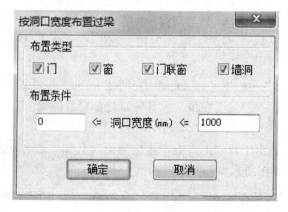

图 4-139　布置条件

说明：

当洞口上方有承重梁通过，使用智能布置过梁时，软件不会考虑到该梁底标高与门窗洞顶距离过近放不下过梁，依旧会添加过梁。此时，需要依据图纸进行处理。本工程有些洞口上是无法放置过梁的，需要用挂板连接。因此，要将相应位置的过梁删除。

知识链接

（1）圈梁的定义与绘制。本工程的砌体墙中没有圈梁，这里简单介绍一下圈梁的定义和绘制。

1）圈梁的定义：

进入"梁"→"圈梁"，新建"矩形圈梁"。根据图纸输入属性值，如图4-140所示。

	属性名称	属性值
1	名称	QL-1
2	截面宽度(mm)	240
3	截面高度(mm)	240
4	轴线距梁左边线距离	(120)
5	上部钢筋	2B12
6	下部钢筋	2B12
7	箍筋	A8@150
8	肢数	2
9	备注	

图4-140　圈梁属性编辑

2）圈梁的绘制：

进入"绘图"界面，选择"直线"画法绘制圈梁。

（2）自动生成圈梁。

使用背景：

1）在建筑抗震设计规范中规定：砌体墙墙高超过4m时，墙体半高宜设置与柱连接且沿墙全长贯通的钢筋混凝土水平系梁。

2）在实际工程中，结构设计说明会给出圈梁设置要求，例如：

墙高大于4m时，需在墙半高处或门窗顶加设钢筋混凝土圈梁一道，梁宽同墙厚，梁高取1/20墙长且不小于180，纵筋上下各2ϕ12，箍筋ϕ6@200，圈梁兼做过梁时配筋另见相应施工图。

3）在砌体结构设计规范中规定：填充墙墙高超过4m时，每隔2000mm设置一道圈梁。

4）在砖混结构中，一般只要在板底无其他梁处都要设圈梁。

功能操作：

1）在圈梁图层，点击工具栏上"自动生成圈梁"按钮，或者点击绘图菜单下的"自动生成圈梁"，如图4-141所示。

| 选择 ▾ | 直线 | 点加长度 | 三点画弧 ▾ | ▾ | 矩形 | 智能布置 ▾ | 修改圈梁段属性 | 查改标高 | 自动生成圈梁 |

图4-141　工具栏

2) 在"自动生成圈梁"页面选择布置条件，在圈梁属性中点击"添加行"，并在属性表格中输入相应的截面和钢筋信息，点击"确定"，如图 4-142 所示。

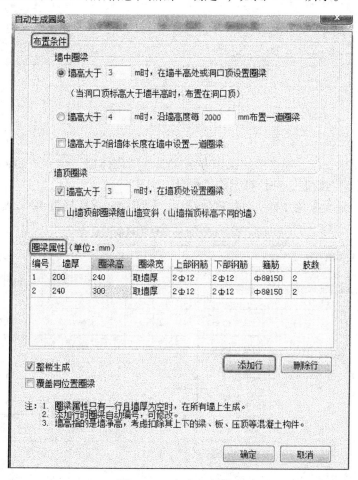

图 4-142　自动生成圈梁

3) 鼠标左键点选或框选砌体墙图元，右键确认，即可生成。

说明：

"整楼生成"：勾选，弹出如下"楼层选择"界面，如图 4-143 所示。选择所要生成的楼层，单击"确定"，即可生成；不勾选，按上述功能操作中的 3) 进行。

"覆盖同位置圈梁"：勾选则覆盖同位置的圈梁；不勾选则在有圈梁位置不再重复生成圈梁。

使用该功能时，生成的圈梁属性取所设置的属性；当前构件列表中存在相同公有属性的构件时，则不反建构件。

图 4-143　楼层选择

小结

　　　　　　　　　　　　　　　　　　　　　　　　　　　　　　　　　　

　　　　　　　　　　　　　　　　　　　　　　　　　　　　　　　　　　

　　　　　　　　　　　　　　　　　　　　　　　　　　　　　　　　　　

　　　　　　　　　　　　　　　　　　　　　　　　　　　　　　　　　　

　　　　　　　　　　　　　　　　　　　　　　　　　　　　　　　　　　

工程实战

　　（1）任务要求：按上述讲解的操作方法完成首层砌体墙、砌体加筋、构造柱、门窗洞口、过梁的定义与绘制，并计算钢筋工程量。

　　（2）实战结果参考及分析：首层砌体结构、过梁钢筋总量见表4-5、表4-6。

表 4-5　首层砌体加筋钢筋工程量汇总表

楼层名称：首层（绘图输入）

构件类型	构件类型钢筋总质量/kg	构件名称	构件数量	单个构件钢筋质量/kg	构件钢筋总质量/kg	接头
砌体加筋	381.618	LJ-2 [1533]	2	8.694	17.389	
		LJ-2 [1534]	2	7.244	14.487	
		LJ-2 [1535]	2	8.362	16.723	
		LJ-2 [1536]	2	8.154	16.307	
		LJ-2 [1537]	1	7.998	7.998	
		LJ-2 [1538]	1	7.79	7.79	
		LJ-2 [1539]	5	10.483	52.416	
		LJ-2 [1541]	1	7.894	7.894	
		LJ-2 [1542]	3	7.946	23.837	
		LJ-2 [1544]	1	9.11	9.11	
		LJ-2 [1548]	1	7.894	7.894	
		LJ-2 [1549]	2	8.154	16.307	
		LJ-2 [1552]	1	6.885	6.885	
		LJ-2 [1553]	1	7.738	7.738	
		LJ-2 [1554]	1	8.58	8.58	
		LJ-2 [1555]	1	8.902	8.902	
		LJ-2 [1556]	2	9.162	18.325	
		LJ-2 [1557]	3	7.738	23.213	

表 4-6 首层过梁钢筋工程量汇总表

楼层名称：首层（绘图输入）

构件类型	构件类型钢筋总质量/kg	构件名称	构件数量	单个构件钢筋质量/kg	构件钢筋总质量/kg	接头
过梁	122.62	1500〈GL-1〈=1800［18	3	7.313	21.94	
		GL-1<=1000［1926］	11	1.715	18.867	
		GL-1<=1000［1927］	13	2.57	33.411	
		GL-1<=1000［1940］	1	2.104	2.104	
		GL-1<=1000［1951］	8	2.39	19.119	
		1000<GL-1<=1500［19	2	4.945	9.89	
		1000<GL-1<=1500［19	1	1.949	1.949	
		1500<GL-1<=1800［21	2	7.67	15.339	

回顾与练习

请描述砌体结构构件钢筋输入的流程及方法。

5 第2、3层钢筋工程量的计算

（1）观察首层柱与二层柱有哪些区别和联系。

（2）观察首层梁与二层梁有哪些区别和联系。

（3）观察首层板与二层板有哪些区别和联系。

5.1 层 间 复 制

首层绘制完成后，其他楼层（第二层到顶层）的绘制方法与首层相似。

根据结施-10可知，二层和一层的同名称柱截面尺寸和钢筋直径发生了变化；由结施-11和结施-08可知，大多数梁的钢筋信息相同，可以通过层间复制快速绘制其他楼层，对于不同的钢筋信息可以进行更改。

复制选定图元到其他楼层：

（1）将首层柱、梁、剪力墙、端柱、暗柱、砌体墙复制到二层。

单击"构件"菜单栏，选择"批量选择"，弹出选择构件对话框，把要复制的构件进行勾选，点击确定，如图5-1所示。

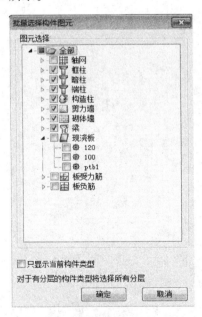

图5-1　批量选择构件

（2）在"楼层"菜单栏下选择"复制选定图元到其他楼层"，勾选构件复制的目标楼层"第2层"，如图5-2所示。

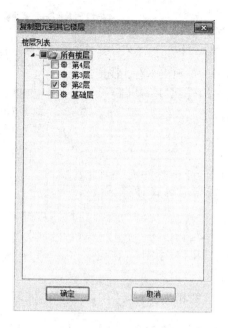

图 5-2 复制图元到其他楼层

说明：

复制的时候，如果当前楼层已经绘制了构件图元，那么软件会弹出"同位置图元/同名构件处理方式"界面，可以根据实际情况进行选择，如图 5-3 所示。

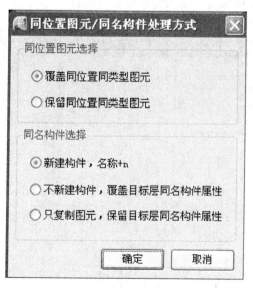

图 5-3 复制图元选择框

5.2 修 改 构 件

切换到第二层，对照图纸，修改有变化的图元。

（1）修改 2 层柱。

观察可知，二层和首层相同位置柱名称没变，只是截面尺寸和配筋发生变化。以 KZ-1 为例，点击 F3 键批量选择 KZ-1，所有的 KZ-1 都被批量选中，鼠标右键单击"构件属性编辑器"，在属性编辑器中进行信息的更改，如图 5-4 所示。

（2）修改 2 层梁。

对比结施-08 和结施-11，发现二层梁和首层梁同位置的集中标注相同，原位标注有些许变动，可以通过修改原位标注实现快速绘制。以 D 轴上 KL-12 为例。

1）鼠标左键，选中 KL-12。

2）选择工具栏中"原位标注"按钮，在相应的位置进行更改。

属性编辑器		⼤
	属性名称	属性值
1	名称	KZ-1
2	类别	框架柱
3	截面编辑	否
4	截面宽(B边)(mm)	550
5	截面高(H边)(mm)	550
6	全部纵筋	16Φ20
7	角筋	
8	B边一侧中部筋	
9	H边一侧中部筋	
10	箍筋	Φ8@100
11	肢数	4*4

图 5-4　属性编辑器

三层的梁、板、柱与二层的相同，直接使用复制功能即可完成。

知识链接

（1）当其他楼层已经定义好构件，当前层也有相同的构件，可以直接从其他楼层复制过来。

1）先切换到未定义构件的楼层中；

2）选择"构件"菜单栏→"从其他楼层复制构件"；

3）弹出"从其他楼层复制构件"的窗口，如图 5-5 所示。

图 5-5　从其他楼层复制构件

说明：

1）源楼层：即要从哪层复制，不显示当前所在楼层；

2）复制构件：源楼层中已经定义好的构件，可以勾选要复制的构件；

3）只显示当前构件类型：勾选后则在"复制构件"列表中，只显示当前构件类型下所建立的构件，不勾选，则显示所有构件类型；

4）覆盖同类型同名构件：勾选后则覆盖当前层同类型的构件，不勾选则新建一个构件，构件名称后加"-n"（n 从 1 开始）。

（2）在当前层定义好构件后，如果其他楼层有与当前层相同的构件时，可以把当前层定义好的构件复制到其他楼层。

1）单击"构件"菜单→选择"复制构件到其他楼层"；

2）弹出"复制构件到其他楼层"窗口，如图 5-6 所示。

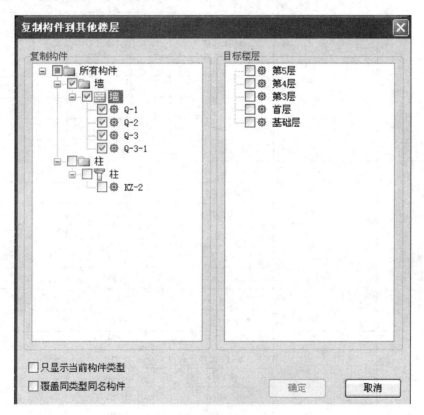

图 5-6　复制构件到其他楼层

工程实战

（1）任务要求：按上述讲解的操作方法完成二、三层构件的定义及绘制，并汇总钢筋量。

（2）实战结果参考及分析。

第 2 层、3 层所有构件钢筋量汇总表见表 5-1。

表 5-1　基础—3 层构件钢筋汇总表

工程名称：寰宇中学 6 号公寓　　　　　　　　　　　　　　　　　　　　　　　编制日期：2014-11-06

楼层名称	建筑面积/m²	构件类型	钢筋总质量/t	单方含量/kg·m⁻²
基础层		柱	4.734	
		暗柱/端柱	0.614	
		墙	0.175	
		梁	8.601	
		桩承台	7.861	
		小计	21.985	
首层		柱	8.431	
		暗柱/端柱	0.972	
		构造柱	0.155	
		墙	0.553	
		砌体加筋	0.382	
		过梁	0.123	
		梁	13.768	
		现浇板	5.987	
		楼梯	1.648	
		小计	32.019	
第 2 层		柱	7.928	
		暗柱/端柱	0.931	
		构造柱	0.069	
		墙	0.381	
		过梁	0.098	
		梁	13.309	
		现浇板	5.911	
		小计	28.626	
第 3 层		柱	7.705	
		暗柱/端柱	0.931	
		构造柱	0.069	
		墙	0.381	
		过梁	0.098	
		梁	13.309	
		现浇板	5.911	
		小计	28.403	

回顾与练习

(1) 层间复制包含哪两个功能？试描述两个功能的区别。

(2) 描述修改构件的常用方法及思路。

6 顶层结构钢筋工程量的计算

课前准备

（1）观察顶层柱的类型。

（2）观察顶层板钢筋类型。

6.1 判断边角柱

顶层柱的定义和绘制与其他楼层一样，此处不赘述。顶层不同位置的柱锚固方式不同，所以要对顶层柱判断边角柱。其他楼层柱没有锚固，不用判断边角柱。

在工具栏点击 " 自动判断边角柱 " 按钮，软件会根据图元的位置自动进行判断。判断后的图元会用不同的颜色显示，如图 6-1 所示。

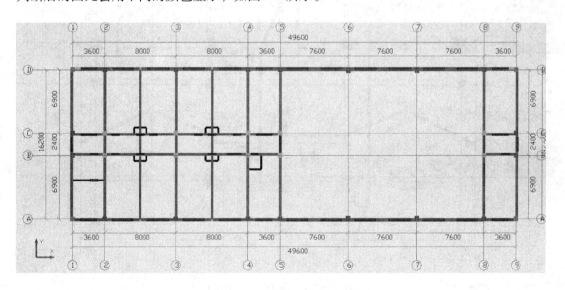

图 6-1 判断边角柱

说明：

（1）在柱的属性定义中有一个"柱类型"的属性，默认为中柱，但允许修改为角柱和边柱。根据 11G101-1 第 59~60 页，3 种类型的柱在顶层时的钢筋构造是不同的。所以在顶层时，要正确选择每个柱图元的"柱类型"属性，才能保证钢筋计算结果的准确性。

（2）判断边角柱成功后，柱的属性中"柱类型"这一项也随之变化。"柱类型"中"边柱-B"，表示该柱在顶层锚固时，B 边长锚。

（3）非顶层中"柱类型"无须判断，默认为"中柱"即可。

6.2 屋面板的绘制

本工程屋面为平屋面，屋面板钢筋的绘制与现浇板相同，此处不赘述。此处介绍下斜屋面的绘制。

以图 6-2 所示工程为例，五层为顶层，板厚为 120mm。板边均与梁边对齐，并且向外偏移 500mm，并且在图示的位置进行了坡屋面的处理。

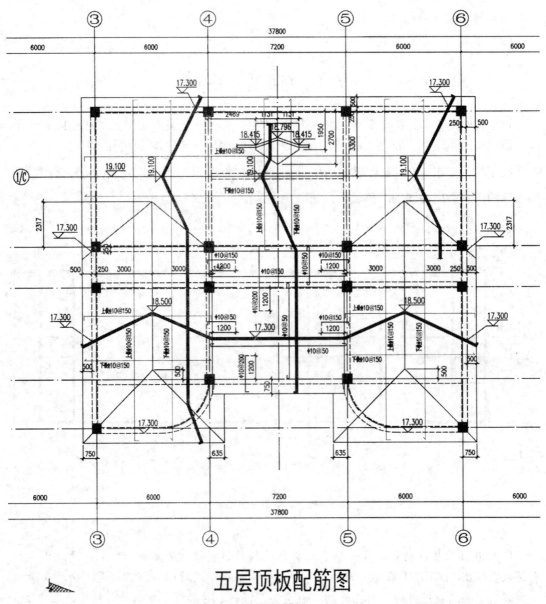

五层顶板配筋图

图 6-2 图纸

（1）选中板块如图 6-3 所示，鼠标右键选择"合并"，进行合并操作，将多块板合并成一块板。

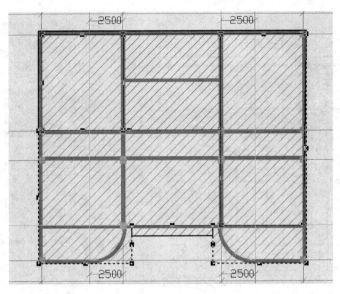

图 6-3　选中板块

（2）选择板，鼠标右键选择"偏移"→"多边偏移"，如图 6-4 所示。按鼠标左键选择需要偏移的边，鼠标右键确定。在动态输入框中输入偏移距离"500"，回车确定，如图 6-5 所示。

图 6-4　选择偏移方式

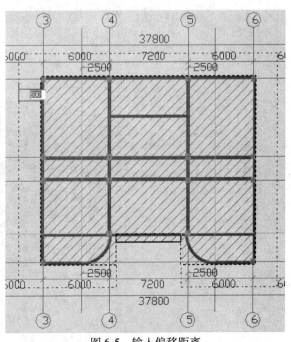

图 6-5　输入偏移距离

（3）选择板→鼠标右键选择"分割"功能，依据图纸进行分割线的绘制，右键确定即可，如图 6-6 所示。

（4）单击工具栏上的"⎳三点定义斜板 ▾"，选择要进行板标高设置的点，依据图纸进行修改即可，如图 6-7 所示。

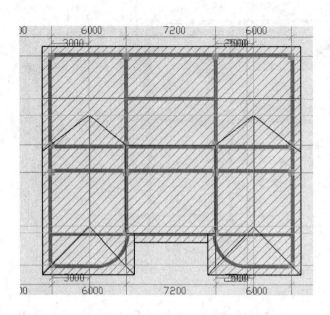

图 6-6　分割板

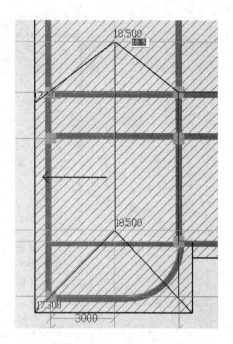

图 6-7　三点定义斜板

（5）设置完标高如图 6-8 所示。斜板定义完毕后，斜板下的梁构件标高需要设置为斜板的标高，软件提供了"平齐板顶"的功能，可一次性设置柱、墙、梁的标高与板的标高一致。

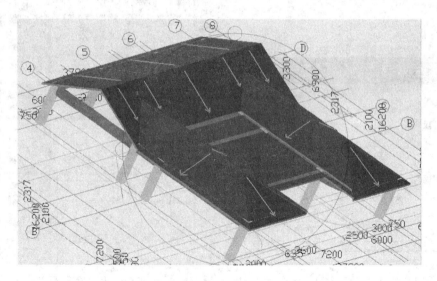

图 6-8　斜板

1）单击工具栏上的" 平齐板顶 "按钮。

2）拉框选择柱、梁构件，鼠标右键确定，如图 6-9 所示。

3）调整后的梁如图 6-10 所示。

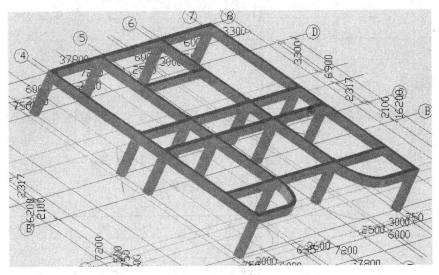

图 6-9 选中柱梁构件

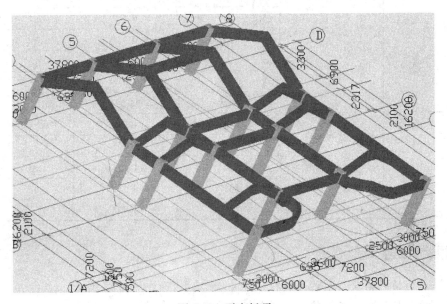

图 6-10 平齐板顶

6.3 水箱间构件的绘制

水箱间中的柱构件与其他楼层柱构件的绘制方法相同,绘制后需要判断边角柱。梁、板的绘制方法与其他楼层相同,此处不赘述。

小结

工程实战

（1）任务要求：按上述讲解的操作方法完成第四层及水箱间构件的定义及绘制，并汇总钢筋量。

（2）实战结果参考及分析：第四层及水箱间钢筋量汇总见表6-1。

表6-1　水箱间钢筋工程量汇总表

工程名称：寰宇中学6号公寓　　　　　　　　　　　　　　　　　　编制日期：2014-11-06

楼层名称	建筑面积/m²	构件类型	钢筋总质量/t	单方含量/kg·m⁻²
第4层		柱	6.963	
		暗柱/端柱	1.317	
		构造柱	0.088	
		墙	0.567	
		过梁	0.131	
		梁	10.899	
		现浇板	3.538	
		小计	23.503	
水箱间		柱	1.111	
		过梁	0.006	
		梁	1.238	
		现浇板	0.551	
		小计	2.907	

回顾与练习

（1）什么情况需要判断边角柱？

（2）设置斜板后，如何使柱、梁与板顶平齐？

7 基础层钢筋量的计算

课前准备

（1）观察分析本工程基础类型。
（2）观察分析不同基础的钢筋分布情况。
（3）基础梁底标高、顶标高分别是多少？
（4）分析基础梁和承台的位置关系。

7.1 桩基础的定义与绘制

7.1.1 桩基础的定义

本工程为桩基础，共三桩、五桩、六桩、十桩、十二桩五种桩承台。现以三桩承台为例，介绍桩承台基础的定义与绘制。

（1）在构件工具栏中切换到基础层，左侧模块导航栏中展开"基础"菜单，选择"桩承台"→"定义"→"新建桩承台"，然后单击"新建"→"桩承台单元"，如图7-1所示。

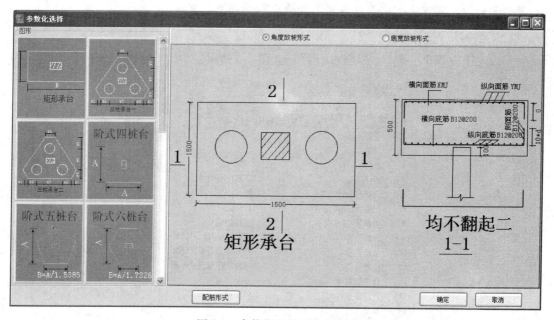

图7-1 参数化选择桩承台单元

根据图纸，选择合适的三桩承台类型"不等边桩承台三"，填写对应数据，删除没有的钢筋数据，如图7-2所示。

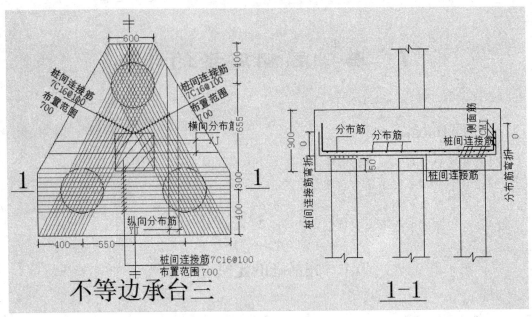

图 7-2　参数设置

说明：

建立桩承台的步骤是，先建立一个承台，这个承台是对于整个桩承台而言的，然后至少建立一个承台单元，多阶承台，有几阶就建立几个承台单元。对于矩形承台、三桩台、不等边承台等多种参数化承台可通过"新建承台"→"新建承台单元"处理；对于一些异形的形状，可通过"新建承台"→"新建异形承台单元"处理；如果需要自行绘制承台的平面形状，则可使用"新建自定义桩承台"功能来处理。

（2）进行承台属性编辑。

1）单击"CT-1"，进入"属性编辑"，如图 7-3 所示。

	属性编辑		
	属性名称	属性值	附加
1	名称	三桩承台	
2	长度 (mm)	1900	☐
3	宽度 (mm)	1755	☐
4	高度 (mm)	900	☐
5	顶标高 (m)	层底标高+0.9	☐
6	底标高 (m)	层底标高	☐
7	扣减板/筏板面筋	全部扣减	☐
8	扣减板/筏板底筋	全部扣减	☐
9	计算设置	按默认计算设置计算	
10	节点设置	按默认节点设置计算	
11	搭接设置	按默认搭接设置计算	
12	保护层厚度 (mm)	(40)	
13	汇总信息	桩承台	☑
14	备注		☑
15	⊞ 显示样式		

图 7-3　承台属性编辑

①名称："三桩承台"。

②长度、宽度、高度：单位为 mm，该数值为灰色自动读取桩承台单元中最大的尺寸。

③顶标高：软件默认为底标高+承台高度，可根据实际情况进行调整。

④底标高：基础构件的底标高，软件默认为层底标高，可以根据实际情况进行调整。

⑤扣减板/筏板面筋：板/筏板的受力筋遇到桩承台后，是否需要扣减。本工程默认全部扣减。

⑥扣减板/筏板底筋：板/筏板的受力筋遇到桩承台后，是否需要扣减。本工程默认全部扣减。

⑦计算设置、节点设置、搭接设置、保护层厚度：默认即可。如果与实际工程不符，单击"属性值"调整。

2）单击"CT-1-1"，进入"属性编辑"，如图7-4所示。

	属性名称	属性值	附加
1	名称	CT-1-1	
2	截面形状	不等边承台三	☐
3	长度 (mm)	1900	☐
4	宽度 (mm)	1755	☐
5	高度 (mm)	900	☐
6	相对底标高 (m)	(0)	☐
7	其它钢筋		
8	承台单边加强筋		☐
9	加强筋起步 (mm)	40	☐
10	备注		☐
11	⊞ 锚固搭接		

图7-4 承台单元属性定义

①名称：依据图纸输入即可。

②截面形状：单击"属性值"即可选择承台单元的形状。

③长度、宽度、高度：在参数图中已经填写完成，此处为灰色，不用填写。

④相对底标高：桩承台单元底相对于桩承台底标高的高度，如图7-5所示。底层单元的相对底标高一般为0，上部的单元按下部单元的高度自动取值，也可以手动输入。本工程为一阶阶式承台，相对底标高为0。

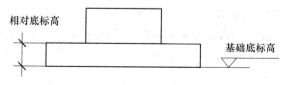

图7-5 承台单元相对于桩承台底标高高度

7.1.2 桩基础的绘制

定义好桩基础，点击"绘制"按钮，进入绘图页面。桩基础的绘制方法有"点"画、"旋转点"画和"智能布置"。在默认"点"画法下，按住"ctrl"键，单击C轴和1轴的交点，输入偏移值，如图 7-6 所示。

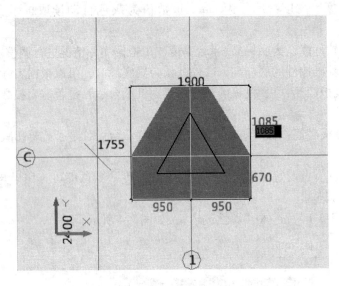

图 7-6　偏移布置

7.2　基础梁的定义与绘制

7.2.1　基础梁的定义

分析图纸，根据结施-05 基础梁配筋图的标注，基础中的梁为基础框架梁，定义及绘制的方法与框架梁相同。以 D 轴上的 KL-10 为例介绍基础梁的定义和绘制。

（1）名称："KL-10"。

（2）截面宽度："300"。

（3）截面高度："550"。

（4）箍筋："B8-100/150"。

（5）上部通长筋："2C20"。

（6）侧面构造或首扭筋（总配筋值）："N4C12"。

（7）起点顶标高："-0.5"。

（8）终点顶标高："-0.5"。

对照图纸进行原位标注即可。在第 4 章已经介绍了梁的定义及绘制，此处不赘述。

知识链接

基础梁、基础连梁与地下框架梁的区别：

（1）地下框架梁。

地下框架梁也称基础框架梁，其底面高于基础（或承台）顶面，但梁顶面低于建筑正负 0.000 标高并以框架柱作为支座，其代号中包含 KL（即框架梁）。这种梁底部"悬空"，不受地基反力作用。

（2）基础梁。

基础梁要承重，且置于地基上，受地基反力作用。基础梁底标高同基础底标高相同。基础梁带钢筋砼底板，板中有按计算配置的受力钢筋，而基础连梁没有这种底板。基础梁一般设置于筏形基础或钢筋砼条形基础中。

（3）基础连梁。

指连接独立基础、条形基础、桩承台基础的梁。此类梁不承重（或仅承重底层隔墙、填充墙），梁下不承受地基反力的作用，梁底标高高于两端基础的底标高，处于类似悬空的状态。

小结

工程实战

（1）任务要求：按上述讲解的操作方法完成基础层构件的定义及绘制，并汇总钢筋量。

（2）实战结果参考及分析：基础层钢筋量汇总见表 7-1。

表 7-1 基础层钢筋汇总表

汇总信息	汇总信息钢筋总质量/kg	构件名称	构件数量	HPB300	HRB335	HRB400
楼层名称：基础层（绘图输入）				252.502	1902.887	19166.633
暗柱/端柱	550.761	GAZ-1［1417］	4		10.934	292.25
		GDZ-1［1421］	4		31.847	215.73
		合　计			42.781	507.98
剪力墙	156.753	Q-1［1425］	2			15.98
		Q-1［1426］	2	3.065		59.331
		Q-1［1429］	2			15.98
		Q-1［1430］	2	3.065		59.331
		合　计		6.131		150.622
梁	8600.602	KL-10［1438］	1	33.654	227.635	438.894
		KL-9［1441］	1	27.348	204.116	921.161
		KL-8［1445］	1	27.348	204.116	921.161
		KL-7［1448］	1	34.754	231.64	968.257
		KL-1［1451］	1	11.878	70.97	326.972
		KL-2［1454］	1	9.678	68.92	292.382
		L-1［1460］	4	27.93	121.798	671.502
		KL-3［1465］	1	9.678	68.92	261.176
		KL-4［1482］	1	9.678	68.92	292.382
		KL-5［1490］	1	8.578	65.554	318.169

汇总信息	汇总信息钢筋总质量/kg	构件名称	构件数量	HPB300	HRB335	HRB400
楼层名称：基础层（绘图输入）				252.502	1902.887	19166.633
梁	8600.602	L-2 [1495]	1	3.491	13.404	89.917
		KL-6 [1498]	1	7.479	60.53	281.139
		KL-3 [1504]	1	9.678	73.968	261.176
		KL-4 [1508]	1	8.534	65.207	292.382
		KL-1 [1510]	1	12.978	84.111	266.761
		L-3 [1523]	1	3.685	14.17	106.825
		合计		246.371	1643.977	6710.254
柱	4153.186	KZ-1 [1381]	1		3.713	139.845
		KZ-2 [1382]	1		3.713	88.416
		KZ-3 [1383]	1		3.713	88.416
		KZ-4 [1384]	1		3.713	139.845
		KZ-5 [1385]	5		29.591	458.08
		KZ-6 [1390]	5		36.989	490.08
		KZ-7 [1395]	1		7.398	98.016
		KZ-9 [1396]	4		29.591	392.064
		KZ-10 [1400]	4		23.673	366.464
		KZ-11 [1404]	2		14.796	196.032
		KZ-12 [1406]	2		14.796	196.032
		KZ-13 [1408]	1		3.713	139.845
		KZ-14 [1409]	1		3.713	88.416
		KZ-15 [1410]	1		3.713	88.416
		KZ-16 [1411]	1		3.713	139.845
		KZ-a [1412]	2		11.837	367.814
		KZ-8 [1414]	1		5.918	91.616
		KZ-b [1415]	2		11.837	367.814
		合计			216.129	3937.057
桩承台	7860.72	三桩承台 [1233]	4			242.024
		五桩承台 [1251]	12			2208.84
		十桩承台 [1265]	6			3807.83
		六桩承台 [1275]	6			967.388
		十二桩承台 [1279]	1			634.638
		合计				7860.72

回顾与练习

（1）描述基础中需要计算哪些构件。

（2）描述柱基础的绘制流程。

（3）描述基础梁、地梁、框架梁的绘制方法。

8 零星构件钢筋工程量的计算

课前准备

(1) 了解本工程楼梯类型是什么。

(2) 分析每种楼梯的平面尺寸、楼梯的钢筋信息。

工程中除了模块导航栏中的柱、墙、梁、板等主体构件以外，还存在其他一些零星的构件（例如楼梯），这类构件和零星钢筋在"绘图输入"界面不方便绘制，因此广联达软件提供了"单构件输入"的方法。

单构件输入主要有两种输入方式：参数输入和直接输入。

8.1 参数输入计算楼梯钢筋量

参数输入的方式，就是选择已经定义的参数构件图集，通过输入构件参数和钢筋信息等自动计算钢筋。由于参数画图本身用户可以参与编制，因此它具有极好的扩展能力。现以首层 1 号 CT1 楼梯为例，介绍参数输入的方法。

(1) 在左侧模块导航栏中切换到"单构件输入"界面，单击工具栏上的" 构件管理 "按钮，在"单构件输入构件管理"界面选择"楼梯"构件，单击"添加构件"，添加楼梯名称、构件数量等信息，确定即可，如图 8-1 所示。

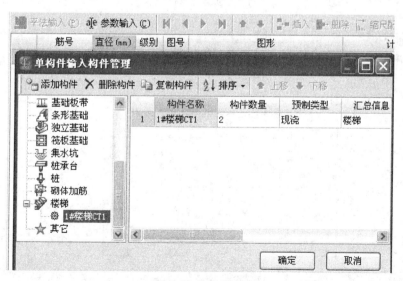

图 8-1 构件管理

(2) 新建构件后，选择工具条上的" 参数输入(C) "按钮，进入"参数输入"页面，单击" 选择图集 "，选择相应的楼梯类型，如图 8-2 所示。

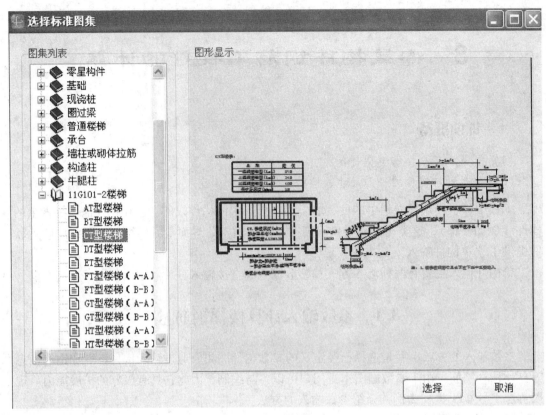

图 8-2　选择图集

在楼梯参数中，参考结施-17 及建施-03，按照图纸标注输入各个位置的钢筋信息和截面信息，如图 8-3 所示。输入完毕后，选择"计算退出"。

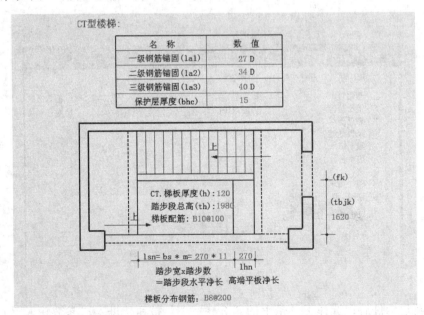

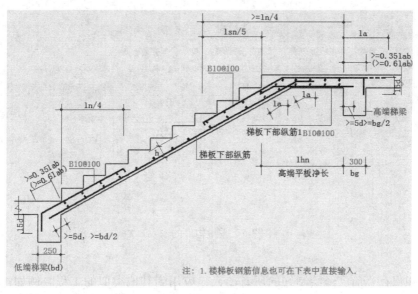

图 8-3 楼梯钢筋输入

软件按照参数图中的数据计算钢筋，显示结果如图 8-4 所示。

	筋号	直径	级别	图号	图形	计算公式	公式描述	长度(mm)	根数	搭接	损耗(%)	单重(kg)	总重(kg)	钢筋归类	搭接形式	钢筋类型
1*	下梯梁端上部纵筋	10	Φ	101	65 639 90 1045	3240/4*1.172+340+120-2*15		1379	17	0	0	0.851	14.464	直筋	绑扎	普通钢筋
2	梯板下部纵筋	10	Φ	31	87 167 4095	(2970+270)*1.172+125+340		4262	17	0	0	2.63	44.704	直筋	绑扎	普通钢筋
3	梯板下部纵筋1	10	Φ	31	87 167 323	270-270+150+340		490	17	0	0	0.302	5.14	直筋	绑扎	普通钢筋
4	梯板分布筋	8	Φ	3	(1590)	1620-2*15		1590	31	0	0	0.628	19.47	直筋	绑扎	普通钢筋
5	上梯梁端上部纵筋	10	Φ	216	285 864 150 528 90	1012.608+285+150+90		1538	17	0	0	0.949	16.132	直筋	绑扎	普通钢筋
6																

图 8-4 楼梯钢筋量汇总表

对于参数图中没有的钢筋，可以在计算结果下方的空白单元格中手动输入钢筋。

8.2 直接输入法计算钢筋量

在直接输入法中，直接在表格中填入钢筋参数，软件根据输入的参数计算钢筋工程量。这里可以处理几乎所有工程中碰到的钢筋。凡是在参数输入、平法输入、绘图输入中不便处理的钢筋都可以在这里处理。

（1）切换到单构件输入页面，新建构件。单构件中的直接输入法与参数输入法新建构件的操作方法一致。

（2）选择"零星构件"，直接在屏幕右边的表格中输入相应钢筋信息即可，如图 8-5 所示。

知识链接

（1）单构件输入的钢筋输入方式共有四种，分别为：参数法输入、平法输入、柱平法输入、梁平法输入。柱平法输入与梁平法输入的具体操作参照软件内置的"文字

图 8-5　零星构件的输入

帮助"。

（2）想保存当前已经绘制好的所有图元，应用到其他类似的工程。例如：绘制一个小区的所有工程时，一般都是由一些固定的户型组成，那么只需要绘制几个户型，然后通过"块存盘"和"块提取"的功能就可以快速拼接成一个整体建筑。

1）块存盘：

①在菜单栏点击"楼层"→"块存盘"，在绘图区域选择需要保存的范围，如图 8-6 所示。

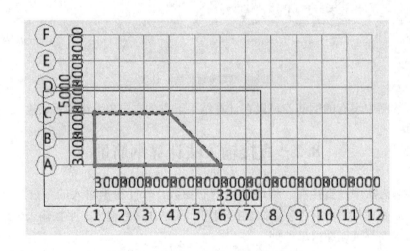

图 8-6　块存盘范围选择

②绘图区域点击作为存盘的基准点，软件会弹出"块存盘"页面，如图 8-7 所示。

③输入块的名称，点击"保存"按钮，完成操作。

2）块提取：

①在菜单栏点击"楼层"→"块提取"，在"块提取"页面中选择需要提取的块，并点击"打开"按钮，如图 8-8 所示。

②绘图区域点击作为提取的基准点，如图 8-9 所示。

图 8-7 文件存放路径

图 8-8 文件存放路径

③ 当块内的构件图元名称和当前楼层的构件名称相同时，软件会弹出"提示"页面，可以根据实际情况进行选择，点击"确定"按钮完成操作，如图 8-10 所示。

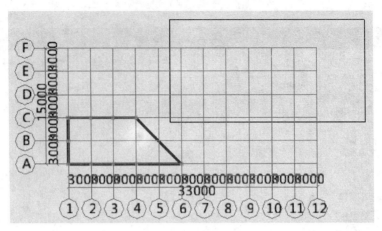

图 8-9　选择基准点

图 8-10　同名称构件选择

小结

工程实战

（1）任务要求：按上述讲解的操作方法完成本工程楼梯的绘制，并计算钢筋工程量。

（2）实战结果参考及分析：楼梯钢筋总量见表 8-1。

表 8-1 楼梯钢筋汇总表

楼层名称：首层（单构件输入）

构件类型	构件类型 钢筋总质量/kg	构件名称	构件数量	单个构件 钢筋质量/kg	构件钢筋 总质量/kg	接头
楼梯	1648.044	1 号楼梯 CT1	2	99.91	199.819	
		1 号楼梯 BT1	2	70.6	141.2	
		1 号楼梯 AT1	12	56.652	679.83	
		2 号楼梯 CT1	1	111.332	111.332	
		2 号楼梯 BT1	1	70.6	70.6	
		2 号楼梯 AT1	7	56.352	394.466	
		2 号楼梯 AT2	1	50.796	50.796	

回顾与练习

描述单构件输入方式计算楼梯的流程。

9 报 表 预 览

课前准备

完成基础层至顶层构件的绘制。

9.1 设置报表范围

汇总计算整个工程楼层的计算结果后，需要查看构件钢筋的最终汇总量时，可通过"报表预览"功能实现。

模块导航栏中，单击"报表预览"，进入报表预览页面。单击工具栏中" 设置报表范围"按钮，弹出"设置报表范围"对话框，如图9-1所示。

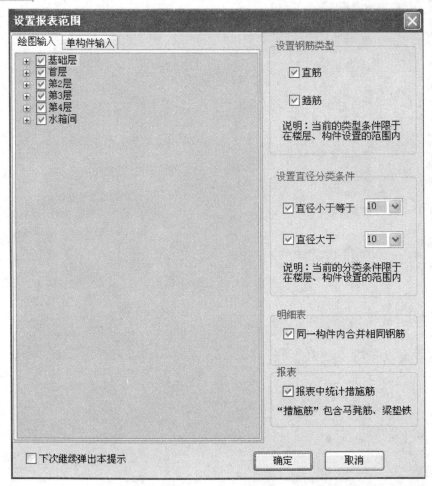

图9-1　设置报表范围

（1）设置、构件范围：选择要查看打印哪些层的哪些构件，把要输出的项目打勾即可。

（2）设置钢筋类型：选择要输出直筋、箍筋，或是直筋和箍筋一起输出，把要输出的项目打勾即可。

（3）设置直径分类条件：根据定额子目设置来设定。例如定额设置了 10 以内、20 以外的子目。选择方法是在直径类型前打勾并选择直径大小。

（4）同一构件内合并相同钢筋：同一构件内如果有形状长度相同的钢筋，而用户在输出时不希望同样的钢筋出现多次，可在此处打勾。

（5）绘图输入后，还有单构件输入的页签，页面与此一致，使用方法也一致，用来设置需要打印预览的单构件部分的构件。

9.2 定额指标

报表预览按照定额指标、明细表、汇总表 3 种方式进行分类。定额指标报表中包含 7 张报表，都是和经济指标有关的报表，如图 9-2 所示。

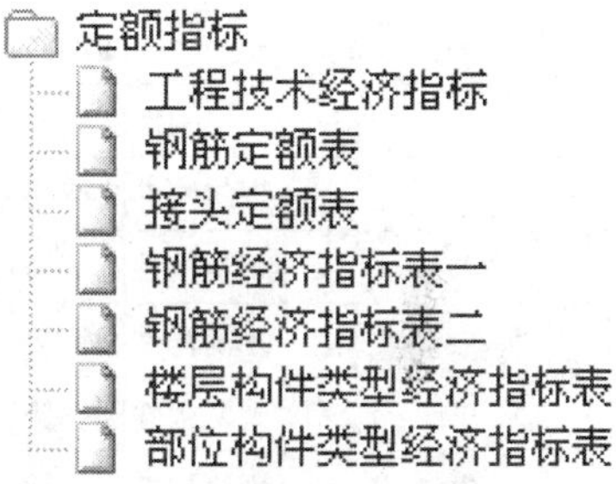

（1）工程技术经济指标表用于分析工程总体的钢筋含量指标。利用这个报表可以对整个工程的总体钢筋量进行大体的分析，根据单方量分析钢筋计算的正确性。这个表中显示工程的结构形式、基础形式、抗震等级、设防烈度、建筑面积、实体钢筋总重、单方钢筋含量等信息，如图 9-3 所示。

图 9-2 定额指标

定额指标
　工程技术经济指标
　钢筋定额表
　接头定额表
　钢筋经济指标表一
　钢筋经济指标表二
　楼层构件类型经济指标表
　部位构件类型经济指标表

工程技术经济指标

设计单位：

编制单位：

建设单位：

项目名称：寰宇中学6号公寓

项目代号：

工程类别：	结构类型：框架结构	基础形式：
结构特征：	地上层数：	地下层数：
抗震等级：二级抗震	设防烈度：7	檐高(m)：16
建筑面积(m²)：	实体钢筋总重(未含措施/损耗/贴焊锚筋)(T)：139.071	单方钢筋含量(kg/m²)：0
损耗重(T)：0	措施筋总重(T)：0.191	贴焊锚筋总重(T)：0

编制人：　　　　　　　审核人：

编制日期：2014-11-06

图 9-3 工程技术经济指标

（2）钢筋定额表用于显示钢筋的定额子目和量，按照定额的子目设置对钢筋量进行了分类汇总。有了这个表，就能直接把钢筋子目输入预算软件，和图形算量的量合并在一起，构成整个工程的完整预算，见表9-1。

（3）接头定额表用于显示钢筋接头的定额子目和量，按照定额子目设置对钢筋接头量进行了分类汇总。把这个表中的内容直接输入预算软件就得到接头的造价，见表9-2。

（4）钢筋经济指标表一按照楼层划分对钢筋分直径范围、分钢筋类型（直筋、箍筋）进行汇总分析。这属于一个较细的分析，当利用工程技术经济指标表分析钢筋量后，如果怀疑钢筋量有问题或者想更细致地了解钢筋在各楼层的分布情况，可以通过这个表查看一下，分层查看钢筋量，找出问题出在哪个楼层哪个直径范围，见表9-3。

表9-1 钢筋定额表（包含措施筋和损耗）

工程名称：寰宇中学6号公寓   编制日期：2014-11-06

定额号	定 额 项 目	单位	钢筋量
5-294	现浇构件圆钢筋直径为6.5	t	
5-295	现浇构件圆钢筋直径为8	t	
5-296	现浇构件圆钢筋直径为10	t	
5-297	现浇构件圆钢筋直径为12	t	
5-298	现浇构件圆钢筋直径为14	t	
5-299	现浇构件圆钢筋直径为16	t	
5-300	现浇构件圆钢筋直径为18	t	
5-301	现浇构件圆钢筋直径为20	t	
5-302	现浇构件圆钢筋直径为22	t	
5-303	现浇构件圆钢筋直径为25	t	
5-304	现浇构件圆钢筋直径为28	t	
5-305	现浇构件圆钢筋直径为30	t	
5-306	现浇构件圆钢筋直径为32	t	
5-307	现浇构件螺纹钢直径为10	t	4.732
5-308	现浇构件螺纹钢直径为12	t	6.817
5-309	现浇构件螺纹钢直径为14	t	1.152
5-310	现浇构件螺纹钢直径为16	t	5.703
5-311	现浇构件螺纹钢直径为18	t	21.409
5-312	现浇构件螺纹钢直径为20	t	13.066
5-313	现浇构件螺纹钢直径为22	t	17.369
5-314	现浇构件螺纹钢直径为25	t	20.54
5-315	现浇构件螺纹钢直径为28	t	
5-316	现浇构件螺纹钢直径为30	t	
5-317	现浇构件螺纹钢直径为32	t	
5-318	现浇构件螺纹钢直径为38	t	
5-319	现浇构件螺纹钢直径为40	t	

定额号	定 额 项 目	单位	钢筋量
5-320	绑扎冷拔低碳钢丝直径 5 以下	t	
5-321	点焊冷拔低碳钢丝直径 5 以下	t	
5-322	预制绑扎圆钢直径为 6	t	
5-323	预制点焊圆钢直径为 6	t	
5-324	预制绑扎圆钢直径为 8	t	
5-325	预制点焊圆钢直径为 8	t	
5-326	预制绑扎圆钢直径为 10	t	
5-327	预制点焊圆钢直径为 10	t	
5-328	预制绑扎圆钢直径为 12	t	
5-329	预制点焊圆钢直径为 12	t	
5-330	预制绑扎圆钢直径为 14	t	

表 9-2　接头定额表

工程名称：寰宇中学 6 号公寓　　　　　　　　　　　　　　　编制日期：2014-11-06

定额号	定 额 项 目	单位	数量
5-383	电渣压力焊接	个	2432
新补 5-5	套管冷压连接直径 22mm	个	
新补 5-6	套管冷压连接直径 25mm	个	316
新补 5-7	套管冷压连接直径 28mm	个	
新补 5-8	套管冷压连接直径 32mm 以外	个	
新补 5-9	套筒锥型螺栓钢筋接头直径 20mm 以内	个	
新补 5-10	套筒锥型螺栓钢筋接头直径 22mm	个	
新补 5-11	套筒锥型螺栓钢筋接头直径 25mm	个	
新补 5-12	套筒锥型螺栓钢筋接头直径 28mm	个	
新补 5-13	套筒锥型螺栓钢筋接头直径 32mm 以外	个	

表 9-3　钢筋经济指标表一（包含措施筋）

工程名称：寰宇中学 6 号公寓　　　　　　编制日期：2014-11-06　　　　　　　　　单位：t

级别	钢筋类型	≤10	>10
楼层名称：基础层			钢筋总重：21.322
Ф	箍筋	0.253	
Ф	箍筋	1.903	
Ф	直筋	0.151	19.016
楼层名称：首层			钢筋总重：32.861
Ф	直筋	0.028	
	箍筋	0.139	

级别	钢筋类型	≤10	>10
楼层名称：首层			钢筋总重：32.861
Φ	直筋	8.099	0.597
Φ	箍筋	6.567	
Φ	直筋	0.547	16.832
Φ	梁垫铁		0.053
楼层名称：第2层			钢筋总重：29.401
Φ	箍筋	0.136	
Φ	直筋	6.095	0.511
Φ	箍筋	5.459	
Φ	直筋	0.374	16.775
Φ	梁垫铁		0.051
楼层名称：第3层			钢筋总重：29.269
Φ	箍筋	0.136	
Φ	直筋	6.094	0.511
Φ	箍筋	5.484	
Φ	直筋	0.374	16.618
Φ	梁垫铁		0.051
楼层名称：第4层			钢筋总重：23.503
Φ	箍筋	0.195	
Φ	直筋	3.593	0.088
Φ	箍筋	5.805	
Φ	直筋	0.558	13.225
Φ	梁垫铁		0.037
楼层名称：水箱间			钢筋总重：2.907
Φ	箍筋	0.126	
Φ	直筋	0.554	
Φ	箍筋	0.533	
Φ	直筋		1.693
各层统计			钢筋总重：139.263
Φ	直筋	0.028	
Φ	箍筋	0.985	
Φ	直筋	24.436	1.706
Φ	箍筋	25.752	
Φ	直筋	2.003	84.16
Φ	梁垫铁		0.191

（5）与钢筋经济指标表一相似，钢筋经济指标表二也是对钢筋进行分类汇总的，不

同的是它不是按照楼层而是按构件来划分类别的，同样它也分直径范围、钢筋类型（直筋、箍筋）进行汇总，见表9-4。

表9-4 钢筋经济指标表二（包含措施筋）

工程名称：寰宇中学6号公寓　　　　编制日期：2014-11-06　　　　单位：t

级别	钢筋类型	≤10	>10
构件类型：柱			钢筋总重：36.238
Φ	箍筋	14.477	
Φ	直筋		21.761
构件类型：暗柱/端柱			钢筋总重：4.702
Φ	箍筋	1.144	
Φ	直筋		3.557
构件类型：构造柱			钢筋总重：0.38
Φ	直筋		0.316
	箍筋	0.064	
构件类型：墙			钢筋总重：2.038
Φ	箍筋	0.035	
Φ	直筋	2.003	
构件类型：砌体加筋			钢筋总重：0.382
Φ	直筋	0.028	
Φ	直筋	0.353	
构件类型：过梁			钢筋总重：0.457
Φ	直筋	0.223	0.005
	箍筋	0.229	
构件类型：梁			钢筋总重：61.96
Φ	箍筋	0.95	
Φ	箍筋	9.837	
Φ	直筋		50.981
	梁垫铁		0.191
构件类型：现浇板			钢筋总重：23.596
Φ	直筋	22.212	1.384
构件类型：桩承台			钢筋总重：7.861
Φ	直筋		7.861
构件类型：楼梯			钢筋总重：1.648
Φ	直筋	1.648	
合计			钢筋总重：139.262
Φ	直筋	0.028	
	箍筋	0.985	
Φ	直筋	24.436	1.706
	箍筋	25.752	
Φ	直筋	2.003	84.16
	梁垫铁		0.191

（6）楼层构件类型经济指标表用于查看钢筋的分层量，分析钢筋单方含量，包括总的单方含量和每层的单方含量，见表9-5。很显然，主要作用是分层进行单方含量分析。这个表和部位构件类型经济指标表都是新增的报表。

（7）与楼层构件类型经济指标表不同的是，部位构件类型经济指标表是按照地上地下来划分类别查看钢筋、分析钢筋单方含量，见表9-6。

表 9-5　楼层构件类型经济指标表（包含措施筋）

工程名称：寰宇中学6号公寓 　　　　　　　　　　　　　　　　　　　编制日期：2014-11-06

楼层名称	建筑面积（m²）	构件类型	钢筋总重（t）	单方含量（kg/m²）
基础层		柱	4.165	
		暗柱/端柱	0.551	
		墙	0.157	
		梁	8.601	
		桩承台	7.861	
		小计	21.522	
首层		柱	8.441	
		暗柱/端柱	0.972	
		构造柱	0.155	
		墙	0.555	
		砌体加筋	0.582	
		过梁	0.125	
		梁	14.081	
		现浇板	6.605	
		楼梯	1.648	
		小计	52.861	
第2层		柱	7.85	
		暗柱/端柱	0.951	
		构造柱	0.069	
		墙	0.581	
		过梁	0.1	
		梁	15.571	
		现浇板	6.601	
		小计	29.401	
第3层		柱	7.72	
		暗柱/端柱	0.951	
		构造柱	0.059	
		墙	0.581	
		过梁	0.098	
		梁	15.671	
		现浇板	6.601	
		小计	29.269	

楼层名称	建筑面积（m²）	构件类型	钢筋总重（t）	单方含量（kg/m²）
第4层		柱	6.965	
		暗柱/端柱	1.517	
		构造柱	0.088	
		墙	0.557	
		过梁	0.151	
		梁	10.899	
		现浇板	5.653	
		小计	25.605	
水箱间		柱	1.111	
		过梁	0.006	
		梁	1.258	
		现浇板	0.661	
		小计	2.907	
总计		—	159.265	

表 9-6　部位构件类型经济指标表（包含措施筋）

工程名称：寰宇中学 6 号公寓　　　　　　　　　　　　　　　　　　编制日期：2014-11-06

部位名称	建筑面积（m²）	构件类型	钢筋总重（t）	单方含量（kg/m²）
地下		柱	4.153	
		暗柱/端柱	0.551	
		墙	0.157	
		梁	8.601	
		桩承台	7.861	
		小计	21.323	
地上		柱	32.085	
		暗柱/端柱	4.151	
		构造柱	0.38	
		墙	1.881	
		砌体加筋	0.382	
		过梁	0.457	
		梁	53.359	
		现浇板	23.596	
		楼梯	1.648	
		小计	117.939	
总计		—	139.262	

9.3 明 细 表

明细表中包含 4 张报表，如图 9-4 所示。

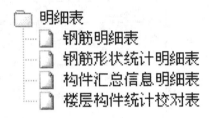

明细表
　　钢筋明细表
　　钢筋形状统计明细表
　　构件汇总信息明细表
　　楼层构件统计校对表

图 9-4 明细表

（1）钢筋明细表用于查看构件钢筋的明细，在这里可以看到当前工程中所有构件的每一根钢筋的信息，见表 9-7。

（2）楼层构件统计校对表包括楼层统计构件的数量、钢筋量、钢筋总质量，这是一个便于钢筋量校对的表，对于某些点状构件如柱，作用显著，见表 9-8。

表 9-7　钢筋明细表

工程名称：寰宇中学 6 号公寓　　　　　　　　　　　　　　　　　　　　编制日期：2014-11-06

楼层名称：基础层（绘图输入）								钢筋总重：21322.022kg
筋号	级别	直径	钢筋图形	计算公式	根数	总根	单长 m	总长 m	总重 kg
构件名称：KZ-1[1381]				构件数量：1		本构件钢筋重：143.558kg		
构件位置：〈1+50,A+50〉								
全部纵筋插筋.1	Φ	22	150 ⌐ 3168	2800/3+1*max(35*d,500)+1500−35+max(6*d,150)	8	8	3.318	26.544	79.101
全部纵筋插筋.2	Φ	22	150 ⌐ 2398	2800/3+1500−35+max(6*d,150)	8	8	2.548	20.384	60.744
箍筋.1	Φ	8	540 [540]	2*((600−2*30)+(600−2*30))+2*(11.9*d)	4	4	2.35	9.4	3.713
构件名称：KZ-2[1382]				构件数量：1		本构件钢筋重：92.129kg		
构件位置：〈1+50,B−50〉								
全部纵筋插筋.1	Φ	18	150 ⌐ 2928	2800/3+1*max(35*d,500)+1400−35+max(6*d,150)	8	8	3.078	24.624	49.248
全部纵筋插筋.2	Φ	18	150 ⌐ 2298	2800/3+1400−35+max(6*d,150)	8	8	2.448	19.584	39.168
箍筋.1	Φ	8	540 [540]	2*((600−2*30)+(600−2*30))+2*(11.9*d)	4	4	2.35	9.4	3.713

楼层名称:基础层(绘图输入)								钢筋总重:21322.022kg	
筋号	级别	直径	钢筋图形	计算公式	根数	总根	单长	总长 m	总重 kg
构件名称:KZ-3[1383]				构件数量:1		本构件钢筋重:92.129kg			
构件位置:⟨1+50,C+50⟩									
全部纵筋插筋.1	Φ	18	150⌐2928	2800/3+1*max(35*d,500)+1400-35+max(6*d,150)	8	8	3.078	24.624	49.248
全部纵筋插筋.2	Φ	18	150⌐2298	2800/3+1400-35+max(6*d,150)	8	8	2.448	19.584	39.168
箍筋.1	Φ	8	540⟦540⟧	2*((600-2*30)+(600-2*30))+2*(11.9*d)	4	4	2.35	9.4	3.713
构件名称:KZ-4[1384]				构件数量:1		本构件钢筋重:143.558kg			
构件位置:⟨1+50,D-50⟩									
全部纵筋插筋.1	Φ	22	150⌐3168	2800/3+1*max(35*d,500)+1500-35+max(6*d,150)	8	8	3.318	26.544	79.101

表 9-8 楼层构件统计校对表(包含措施筋)

工程名称:寰宇中学6号公寓　　　　　　　　　　　　　　　编制日期:2014-11-06

楼层名称:基础层(绘图输入)

构件类型	构件类型钢筋总重 kg	构件名称	构件数量	单个构件钢筋重量 kg	构件钢筋总重 kg	接头
		KZ-1[1381]	1	143.558	143.558	
		KZ-2[1382]	1	92.129	92.129	
		KZ-3[1383]	1	92.129	92.129	
		KZ-4[1384]	1	143.558	143.558	
		KZ-5[1385]	5	97.534	487.671	
		KZ-6[1390]	5	105.414	527.069	
		KZ-7[1395]	1	105.414	105.414	
		KZ-9[1396]	4	105.414	421.655	
柱	4153.186	KZ-10[1400]	4	97.534	390.137	
		KZ-11[1404]	2	105.414	210.828	
		KZ-12[1406]	2	105.414	210.828	
		KZ-13[1408]	1	143.558	143.558	
		KZ-14[1409]	1	92.129	92.129	
		KZ-15[1410]	1	92.129	92.129	
		KZ-16[1411]	1	143.558	143.558	
		KZ-a[1412]	2	189.825	379.65	
		KZ-8[1414]	1	97.534	97.534	
		KZ-b[1415]	2	189.825	379.65	

楼层名称:基础层(绘图输入)

构件类型	构件类型钢筋总重 kg	构件名称	构件数量	单个构件钢筋重量 kg	构件钢筋总重 kg	接头
暗柱/端柱	550.761	GAZ-1[1417]	4	75.796	303.184	
		GDZ-1[1421]	4	61.894	247.577	
墙	156.753	Q-1[1425]	2	7.99	15.98	
		Q-1[1426]	2	31.198	62.396	
		Q-1[1429]	2	7.99	15.98	
		Q-1[1430]	2	31.198	62.396	
梁	8600.602	KL-10[1438]	1	700.182	700.182	8
		KL-9[1441]	1	1152.626	1152.626	10
		KL-8[1445]	1	1152.626	1152.626	10
		KL-7[1448]	1	1234.65	1234.65	8
		KL-1[1451]	1	409.819	409.819	2
		KL-2[1454]	1	370.979	370.979	2
		L-1[1460]	4	205.307	821.23	
		KL-3[1465]	1	339.773	339.773	2
		KL-4[1482]	1	370.979	370.979	2

9.4　汇　总　表

汇总表中包含 10 张报表,如图 9-5 所示。

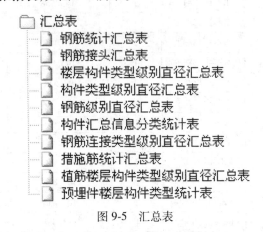

图 9-5　汇总表

（1）钢筋统计汇总表用于按照构件类型查看钢筋的量。通过这个表可以看到当前工程中,所有梁中 $\phi 8$、$\phi 10$、$\phi 12$……的钢筋各有多少,所有柱中 $\phi 8$、$\phi 10$、$\phi 12$……的钢筋各有多少等,见表 9-9。

（2）楼层构件类型级别直径汇总表显示了各个楼层各种构件各种类别直径的钢筋汇总,这个表划分楼层同时分构件类别,显示的钢筋既有总量,又分规格汇总,见表 9-10。这张表提供的汇总方法十分丰富,用途广泛。

（3）构件汇总信息分类统计表按照汇总信息进行分类统计,并且统计出了不同级别直径的钢筋汇总量,见表9-11。因此,从业务角度来讲,如果想对整个工程的钢筋按直径汇总分析,应该是先看这张表,然后再对照地看楼层构件类型级别直径汇总表。

表 9-9　钢筋统计汇总表（包含措施筋）

工程名称:寰宇中学6号公寓　　　　　　编制日期:2014-11-06　　　　　　　　　　　　单位:t

构件类型	合计	级别	6	8	10	12	14	16	18	20	22	25
柱	14.477	Φ		6.713	7.764							
	21.761	Φ					0.671	13.79			3.425	3.875
暗柱/端柱	1.144	Φ		0.292	0.852							
	3.557	Φ							3.557			
构造柱	0.38	Φ	0.064			0.316						
墙	0.035	Φ	0.035									
	2.003	Φ			2.003							
砌体加筋	0.028	Φ	0.028									
	0.353	Φ	0.353									
过梁	0.457	Φ	0.321	0.064	0.067	0.005						
梁	0.95	Φ	0.764	0.186								
	9.837	Φ	0.213	9.595	0.029							
	51.172	Φ				5.111	0.74	2.025	5.648	7.038	13.944	16.665
现浇板	23.596	Φ	1.831	17.97	2.41	1.384						
桩承台	7.861	Φ					0.412	3.006	1.972	2.471		
楼梯	1.648	Φ		1.397	0.251							
合计	1.014	Φ	0.827	0.186								
	51.894	Φ	2.783	36.032	11.374	1.705						
	86.354	Φ			2.003	5.111	1.152	5.703	21.409	13.066	17.369	20.54

表 9-10　楼层构件类型级别直径汇总表（包含措施筋）

工程名称：寰宇中学6号公寓　　　编制日期：2014-11-06　　　单位：kg

楼层名称	构件名称	钢筋总重 kg	HPB300 6	HPB300 8	HRB335 6	HRB335 8	HRB335 10	HRB335 12	HRB400 10	HRB400 12	HRB400 14	HRB400 16	HRB400 18	HRB400 20	HRB400 22
基础层	柱	4153.186				29.704	186.425					735.627	2642.048		559.382
	暗柱/端柱	550.761				10.934	31.847							507.98	
	墙	156.753	6.131						150.622						
	梁	8600.602	246.371		149.372	1494.605				1499.534	266.319	496.461	2253.828	2112.705	81.408
	桩承台	7860.72									411.86	3006.392	1971.9	2470.568	
	合计	21322.022	252.502		149.372	1535.243	218.272		150.622	1499.534	678.178	4238.48	6867.776	5091.253	640.789
首层	柱	8440.899				720.627	1596.52					2780.238	2749.04		594.474
	暗柱/端柱	972.49				65.602	191.082							715.806	
	构造柱	154.538			25.323		129.215								
	墙	553.325	6.54						546.785						
	砌体加筋	381.618	28.454		353.163										
	过梁	122.62			94.135	15.01	13.475								
	梁	14081.246	131.297		22.072	1935.938	1937.905	129.214		964.123	82.338	722.616	3471.656	1190.859	3493.228
	现浇板	6505.898			515.034	4885.151	638.669	467.044							
	楼梯	1648.044				1397.26	250.784								
	合计	32860.677	166.291		1009.728	9019.588	4757.65	596.258	546.785	964.123	82.338	3502.854	6220.696	1906.665	4087.702
第2层	柱	7849.704				1516.285	1704.697					3999.346			629.376
	暗柱/端柱	930.673				62.868	183.121							684.684	
	构造柱	68.684			11.255			57.429							
	墙	380.738	6.54						374.198						
	过梁	99.615			75.35	9.433	14.833								
	梁	13570.548	129.705		9.929	1918.381				964.123	106.848	1622.199	3584.752	1000.592	4234.02
	现浇板	6500.591			508.647	4845.697	692.879	453.368							
	合计	29400.553	136.244		605.181	8352.664	2595.529	510.797	374.198	964.123	106.848	5621.545	3584.752	1685.276	4863.396
第3层	柱	7719.66				1543.279	2526.719					197.108	2819.936		632.618
	暗柱/端柱	930.673				62.868	183.121							684.684	
	构造柱	68.684			11.255			57.429							

表 9-11　构件汇总信息分类统计表（包含措施筋）

工程名称：寰宇中学 6 号公寓　　编制日期:2014-11-06　　单位:t

汇总信息	HPB300			HRB335					HRB400								
	6	8	合计	6	8	10	12	合计	10	12	14	16	18	20	22	25	合计
暗柱/端柱					0.292	0.852		1.144						3.557			3.557
板负筋				1.326	3.8	1.557	1.12	7.803									
板受力筋				0.506	14.17	0.853	0.264	15.793									
构造柱				0.064			0.316	0.38									
过梁				0.321	0.064	0.067	0.005	0.457									
剪力墙	0.035		0.035	0.213	9.595	0.029		9.837	2.003								2.003
梁	0.764	0.186	0.95							5.111	0.74	2.025	5.648	7.038	13.944	16.665	51.172
楼梯					1.397	0.251		1.648									
砌体拉结筋	0.028		0.028	0.353				0.353									
柱					6.713	7.764		14.477				0.671	13.79		3.425	3.875	21.761
桩承台											0.412	3.006	1.972	2.471			7.861
合计	0.827	0.186	1.014	2.783	36.032	11.374	1.705	51.894	2.003	5.111	1.152	5.703	21.409	13.066	17.369	20.54	86.354

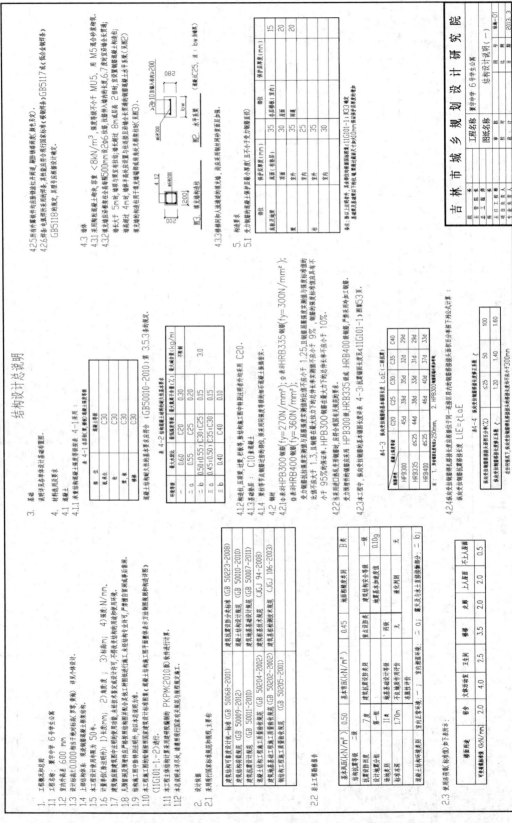

附录　寰宇中学学生公寓结构图

结构设计总说明

1. 工程概况和用途
　1.1 工程名称：寰宇中学 6号学生公寓
　1.2 室内外高差 600 mm
　1.3 设计标高±0.000相当于绝对标高(罗零黄海），详见×××设计.
　1.4 上部结构体系：现浇钢筋混凝土框架结构.
　1.5 设计使用年限：50年.
　1.6 计算柱网尺寸：3×6m等; 2)轴力度; 3)标准值; 4)强度 N/mm.

2. 设计依据
　2.1 本建筑行国家标准规范和规程.
建筑结构荷载规范（GB 50009-2012）
建筑抗震设计规范（GB 50011-2010）
建筑地基基础设计规范（GB 50007-2011）
混凝土结构工程施工质量验收规范（GB 50204-2002)
建筑地基基础工程施工质量验收规范（GB 50202-2002)
钢筋焊接及验收规程（JGJ 18-2003）

4. 材料和做法要求
　4.1 混凝土

表 4-1 未来结构混凝土强度等级表

部位	混凝土强度
基础	C30
柱	C30
梁、板	C30
楼梯	C30

混凝土结构耐久性的基本要求应符合（GB50010-2010）第 3.5.3 本规定.

表 4-2 钢筋混凝土材料耐久性要求

环境类别	最大水灰比	最小水泥用量(%)	最大氯离子含量(%)	最大碱含量(kg/m)
一	0.60	C20	0.30	不限制
二 a	0.55	C25	0.20	3.0
二 b	0.50(0.55)	C30(C25)	0.15	
三 a	0.45(0.50)	C35(C30)	0.15	
三 b	0.40	C40	0.10	

　4.2 钢筋

5. 构造要求
　5.1 本图未注明的保护层厚度(至外于不力钢筋直径)

表 钢筋的混凝土保护层最小厚度(mm)

部位	保护层厚度(mm)
底层(有垫层)	35
顶面	30
室外	35
室内	25
梁 室外	35
室内	30

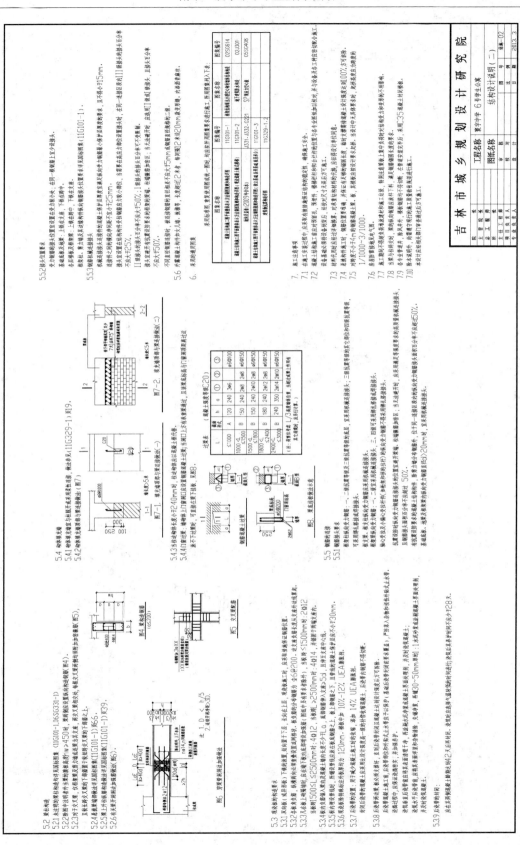

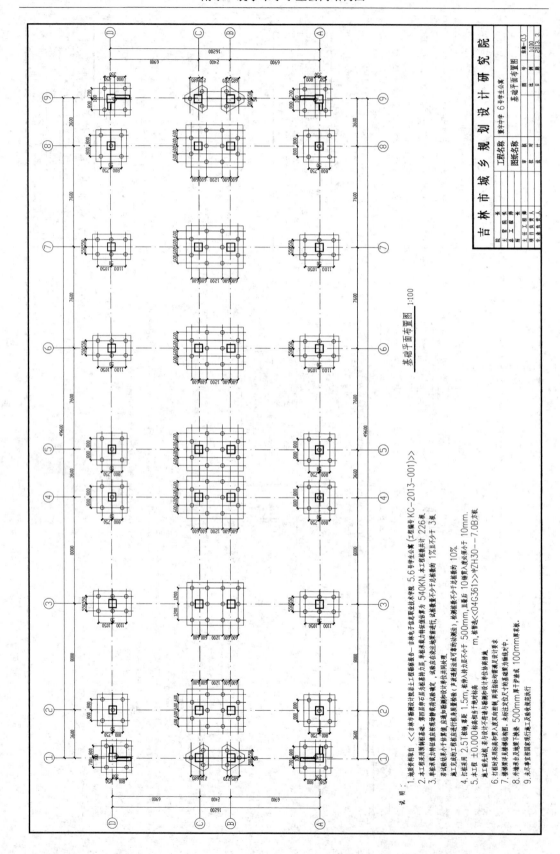

基础平面布置图 1:100

吉 林 市 城 乡 规 划 设 计 研 究 院

工程名称	寰宇中学 6 号学生公寓	基础平面布置图	图 号	结施-03
图纸名称			比 例	1:100
			日 期	2013.3

说明：
1. 地质来料报告《吉林市勘察设计院岩土工程勘察报告一吉林电子商学职业技术学院 5、6 号学生公寓（工程编号 KC-2013-001）》
2. 本工程采用现制制基础。如四层粉石层如是持力层，单桩承载力特征值估算为 540KN，本工程施工时，本工程采用现制基础桩承载特征值待现场试验确定，试桩应立法注地桩暂进行，试桩数量不少于总桩数的 1%且不小于 3 根。
   若试桩结果小于本单位值，应通知勘察单位共同处理。
3. 基础施工程序应进行复合地基（才达到法立或才基的动测试），检测数量不小于总桩数的 10%。
4. 灌注桩 2.5t锤重 事筑 1.5m，起锤入量不小于 500mm，且最后 10 锤桩入贯度小于 10mm，检测数量不小于总桩数的 10%。
5. 本工程 ±0.000 标高对应于单位协作排高   m，桩基础《04G361》《中乙H30--7.0B 示范。
6. 孔桩采用 土坡基 若与计不符室与与勘察单位与设计单位协商措施处理。
7. 楼梯来详见楼梯详图，本标注定尺寸约基础受力柱为柱组中。
8. 外墙寰宇立地面下返柱 500mm 厚平护混，100mm 厚基面表。
9. 未示事宜宽行施工及按现国家验收规范执行。

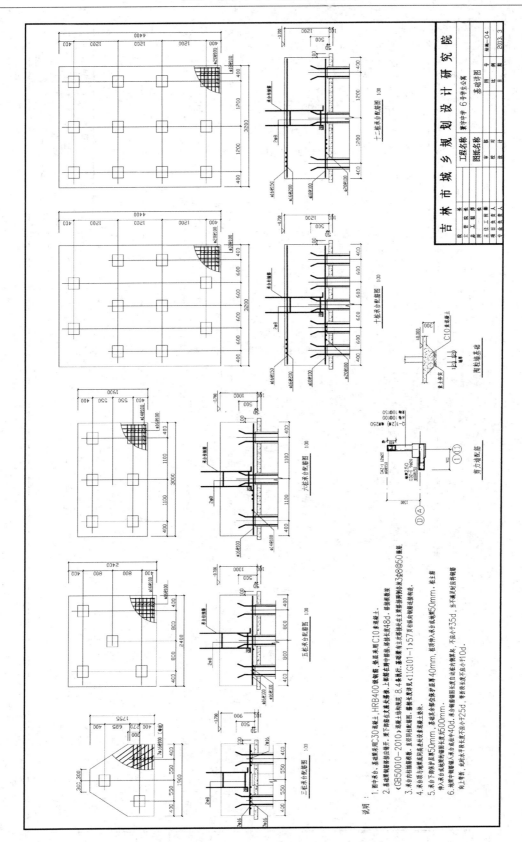

说明：
图中承台、基础垫层用C30砼垫土，HRB400级钢筋，垫层采用C10素砼垫土。

1. 基础梁钢筋接头应错开，梁下部按住主直钢筋。上部梁在跨中部位，钢筋搭接长度48d，搭接数量。
《GB50010-2010》混凝土结构构造图，8.4本规范，基础梁有主次筋连接点主筋插接两侧间距来3φ8@50本筋。

2. 承台内柱插筋锚固，直径同柱配筋图，钢筋长度详见《11G101-1》57页柱纵向钢筋连接构造。

3. 承台B同与地基础回填长长按基础垫土块状。

4. 承台下部保护层约50mm，基础梁保护层厚厚40mm，柱保护承台条要按50mm，柱主筋。

5. 柱承台下部下层距50mm，基础梁条端纵锚固块按500mm。

6. 地基率中锚钢筋底部入承台锚固40d，本台钢筋锚固基本度自边处向钢筋度，不小于35d，多不满及柱点锚锚固。向上靠纵，此地比于积长度底不小于25d，垂条锚长度不直于10d。

吉林市城乡规划设计研究院

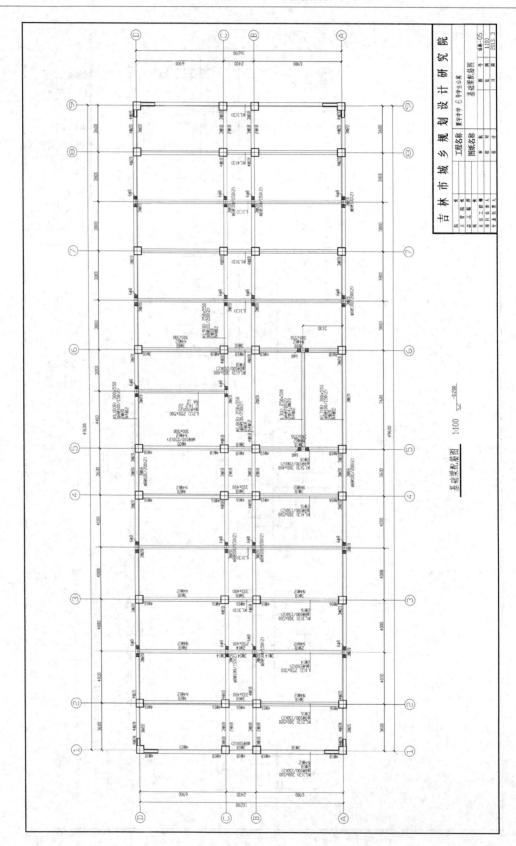

基础梁配筋图 1:100 ▽ -0.200

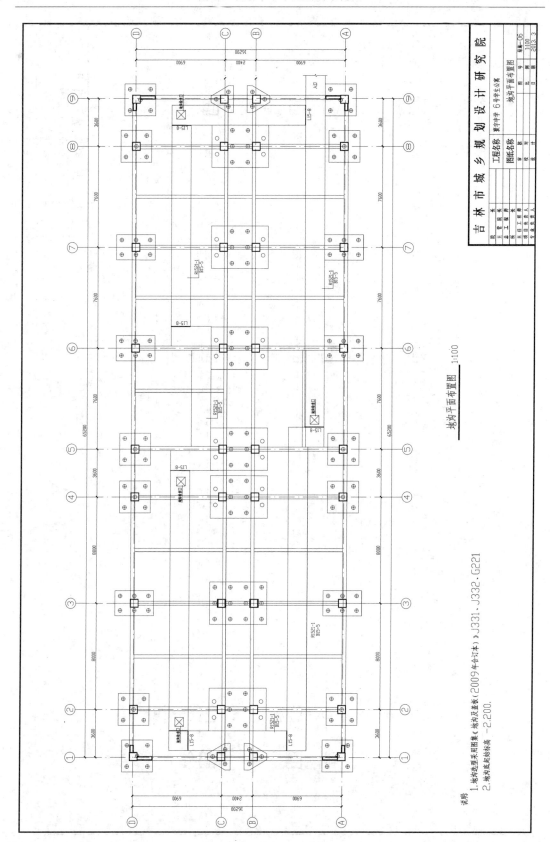

地沟平面布置图　1:100

说明：
1. 地沟选用采用图集《地沟及盖板（2009年合订本）》J331、J332、G221
2. 地沟底起始标高 -2.200.

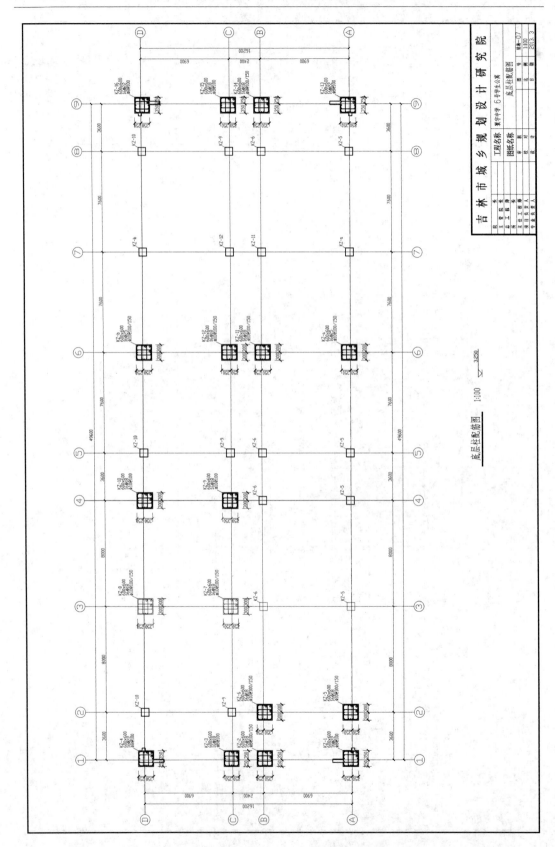

底层柱配筋图　1:100　▽-3.250

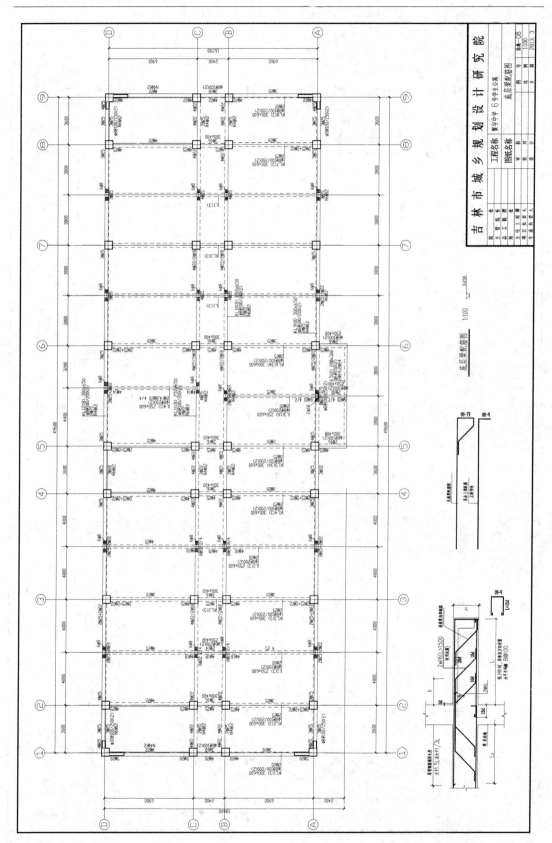

底层梁配筋图

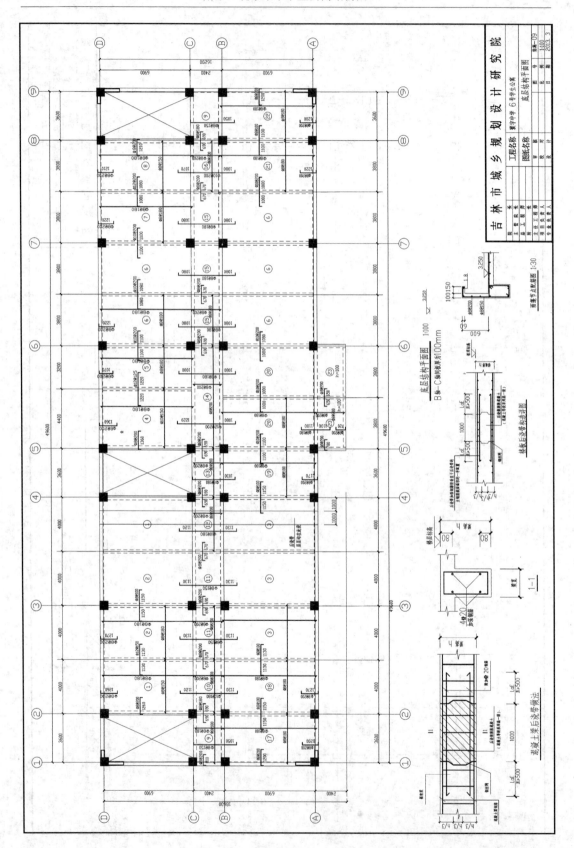

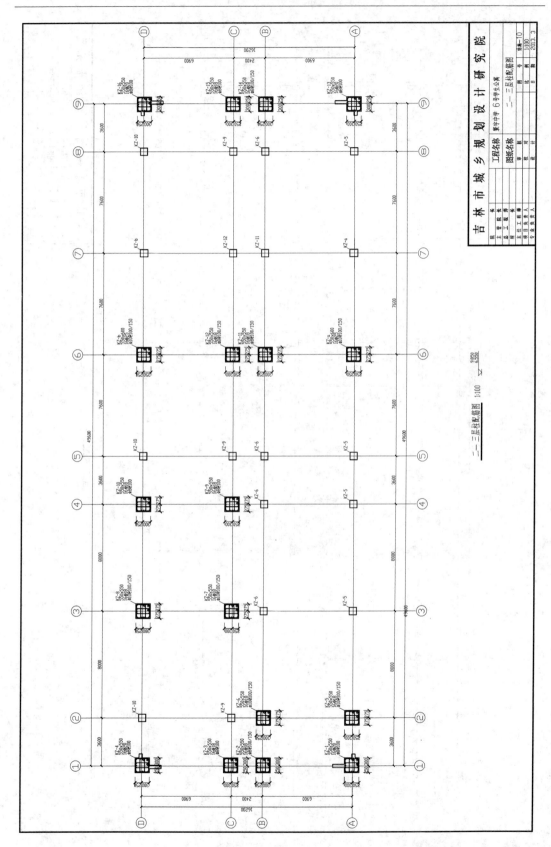

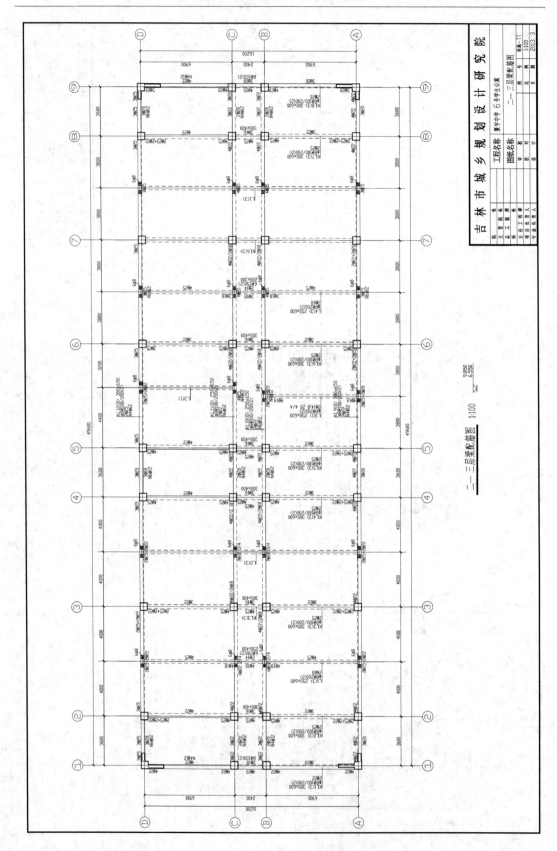

二~三层梁配筋图　1:100

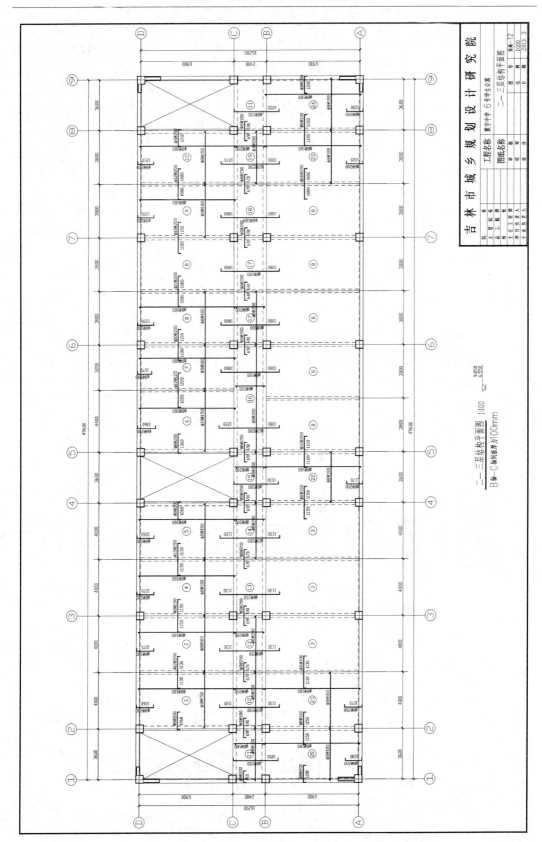

二~三层结构平面图 1:100
B轴~C轴间板厚为100mm

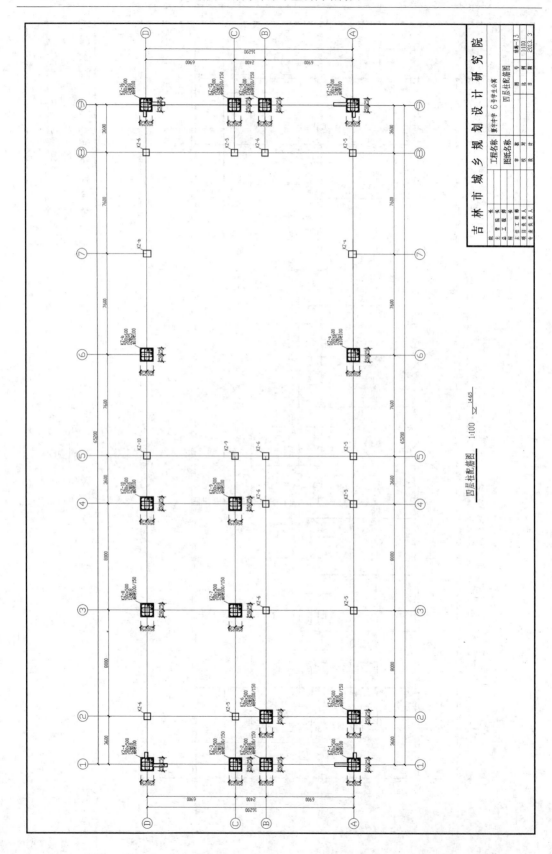

四层柱配筋图　1:100

吉 林 市 城 乡 规 划 设 计 研 究 院

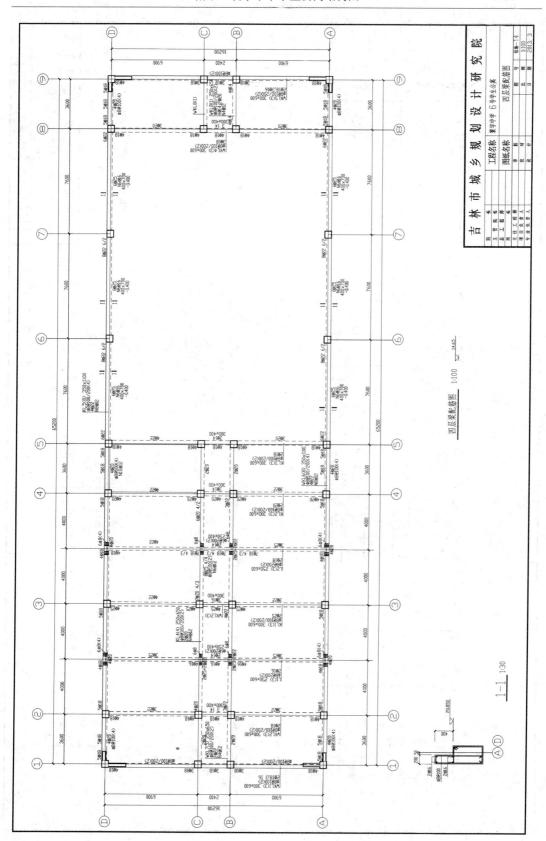

四层梁配筋图　1:100

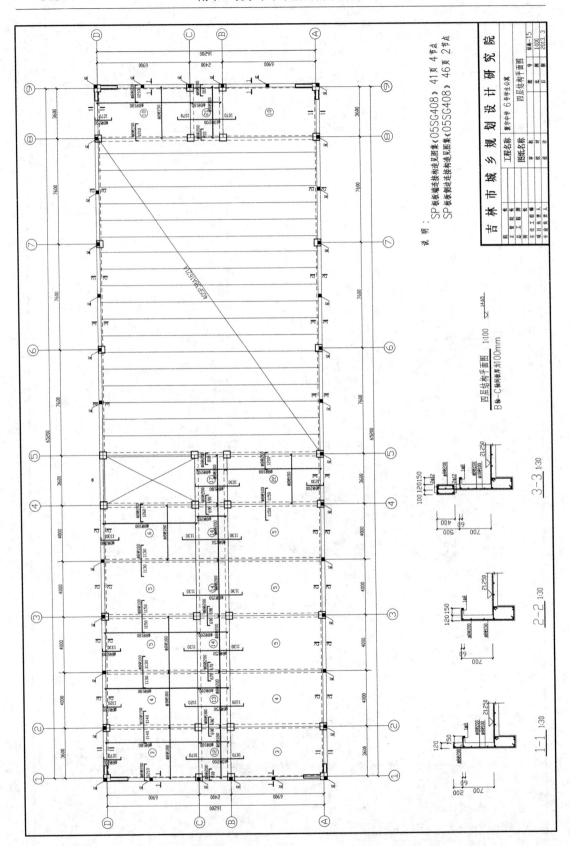

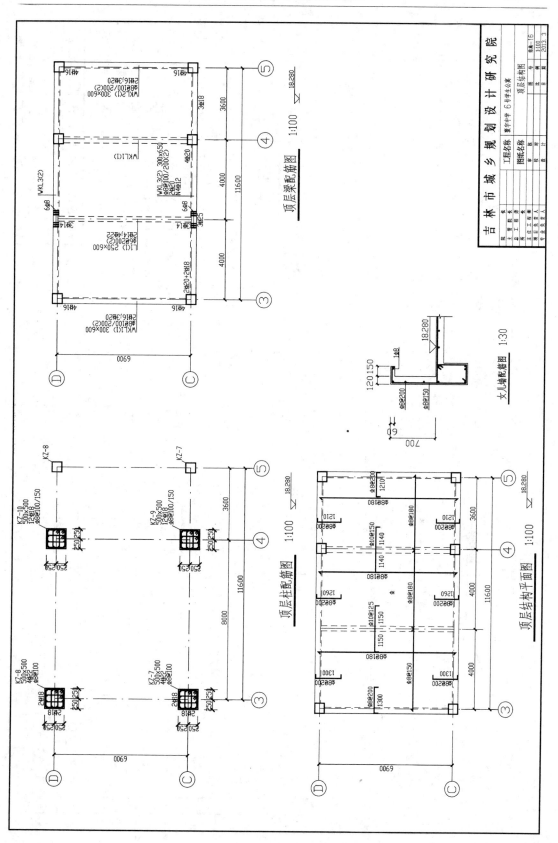

顶层梁配筋图 1:100

顶层柱配筋图 1:100

顶层结构平面图 1:100

女儿墙配筋图 1:30

吉林市城乡规划设计研究院

工程名称　寰宇中学 6号学生公寓
图纸名称　顶层结构图

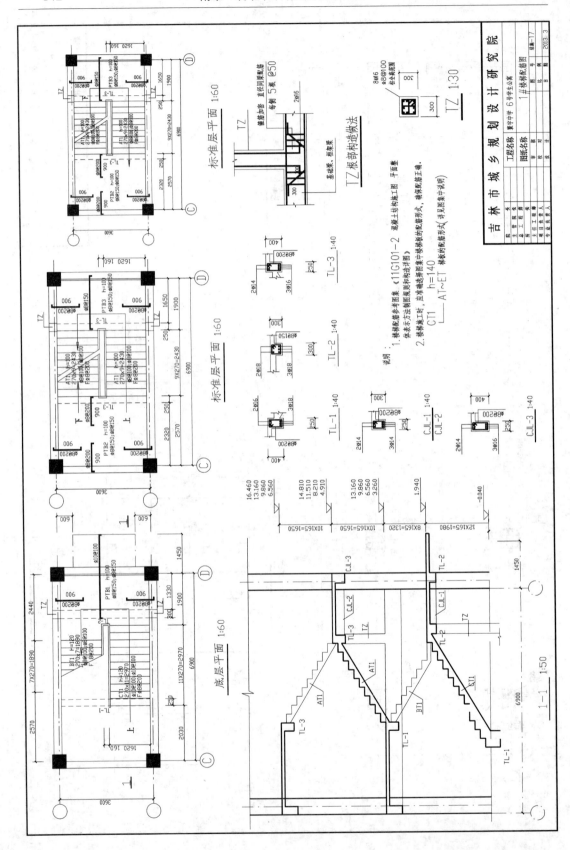

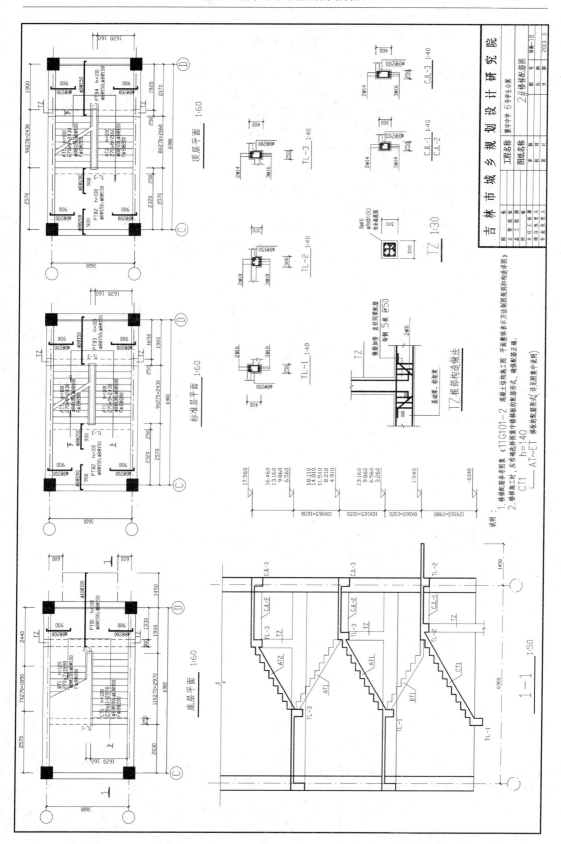

说明：
1. 楼梯配筋参考图集《11G101-2 混凝土结构施工图 平面整体表示方法制图规则和构造详图》
2. 楼梯施工时，应冷端选择图集中楼梯板的配筋形式，确保板的正确。

CT1 AT~ET 楼梯的配筋形式详见图集中说明

TZ根部构造做法

参 考 文 献

［1］王全杰. 钢筋工程量计算实训教程［M］. 重庆：重庆出版社，2012.

［2］杨帆，张红. 工程造价实训系列教材—钢筋计量［M］. 沈阳：辽宁大学出版社，2014.

［3］罗丹霞. 钢筋计算与翻样［M］. 南京：南京大学出版社，2013.

［4］张晓敏. 建筑工程造价应用软件［M］. 北京：中国建筑工业出版社，2011.

［5］中国建筑标准设计研究院. 混凝土结构施工图平面整体表示方法制图规则和构造详图（现浇混凝土框架、剪力墙、梁、板）［M］. 北京：中国计划出版社，2011.

［6］中国建筑标准设计研究院. 混凝土结构施工图平面整体表示方法制图规则和构造详图（现浇混凝土板式楼梯）［M］. 北京：中国计划出版社，2011.

［7］中国建筑标准设计研究院. 混凝土结构施工图平面整体表示方法制图规则和构造详图（独立基础、条形基础、筏形基础及桩基承台）［M］. 北京：中国计划出版社，2011.

冶金工业出版社部分图书推荐

书　名	作　者	定价(元)
组态软件应用项目开发（高职高专教材）	程龙泉	39.00
自动检测及过程控制实验实训指导（高职高专教材）	张国勤	28.00
自动化控制系统集成综合训练（高职高专教材）	向守均	48.00
PLC 编程与应用技术（高职高专教材）	程龙泉	48.00
PLC 编程与应用技术实验实训指导（高职高专教材）	满海波	20.00
变频器安装、调试与维护（高职高专教材）	程龙泉	36.00
变频器安装、调试与维护实验实训指导（高职高专教材）	满海波	22.00
电机拖动与继电器控制技术（高职高专教材）	程龙泉	45.00
电工基础及应用、电机拖动与继电器控制技术 实验指导（高职高专教材）	黄　宁	16.00
单片机应用技术（高职高专教材）	程龙泉	45.00
单片机应用技术实验实训指导（高职高专教材）	佘　东	29.00
电子技术及应用（高职高专教材）	龙关锦	34.00
电子技术及应用实验实训指导（高职高专教材）	刘正英	15.00
供配电应用技术实训（高职高专教材）	徐　敏	12.00
电工基本技能及综合技能实训（高职高专教材）	徐　敏	26.00
工程图样识读与绘制（高职高专教材）	梁国高	42.00
工程图样识读与绘制习题集（高职高专教材）	梁国高	35.00
汽车检测诊断技术（高职高专教材）	张成祥	29.00
数控加工技术与实践（高职高专教材）	曹金龙	56.00
普通机床加工技术与实践（高职高专教材）	陈　春	39.00
机械基础与训练（上）（高职高专教材）	黄　伟	40.00
机械基础与训练（下）（高职高专教材）	谷敬宇	32.00
冶金机械设备故障诊断与维修（高职高专教材）	蒋立刚	55.00
液压与气压传动系统及维修（高职高专教材）	刘德彬	43.00
环境监测与分析（高职高专教材）	黄兰粉	32.00
焊接技能实训（高职高专教材）	任晓光	39.00
Pro/Engineer Wildfire 4.0（中文版）钣金设计与焊接设计 教程（高职高专教材）	王新江	40.00
Pro/Engineer Wildfire 4.0（中文版）钣金设计与焊接设计 教程实训指导（高职高专教材）	王新江	25.00
应用心理学基础（高职高专教材）	许丽遐	40.00
自动检测和过程控制（第4版）（本科国规教材）	刘玉长	50.00
金属材料工程认识实习指导书（本科教材）	张景进	15.00
电工与电子技术（第2版）（本科教材）	荣西林	49.00
计算机网络实验教程（本科教材）	白　淳	26.00
FORGE 塑性成型有限元模拟教程（本科教材）	黄东男	32.00